AI短视频制作与运营

即梦+快影+可灵+剪映+腾讯智影

谢智博◎著

化学工业出版社

·北京·

内 容 简 介

本书是一本全面介绍AI短视频制作与运营的实战教程，随书赠送了130多分钟同步教学视频+200多页PPT教学课件+9课电子教案+100多款素材与效果文件。

本书从AI短视频的基本概念、技术原理、主要用途出发，详细阐述了AI短视频的制作流程和未来的发展趋势。

书中系统地介绍了多种AI短视频制作工具，如即梦AI、快影AI、可灵AI、剪映AI和腾讯智影AI，覆盖了从手机版到网页版的全方位操作技巧。同时，书中深入讲解了AI短视频的剪辑处理技巧，包括画面和音频的编辑，以及提升短视频整体质量的方法。

此外，本书还提供了丰富的运营技巧，包括短视频发布的前期准备、注意事项、引流推广策略等，旨在帮助读者打造高人气的AI短视频。通过实战案例分析，本书为读者提供了从项目规划到效果定位的全流程指导，是AI短视频制作与运营的必备参考书。

本书适合对AI短视频制作与运营感兴趣的初学者和爱好者，以及希望提升短视频制作与运营技能的专业人士。同时也可作为学校的教材，特别适合新媒体、广告、传媒、影视制作、数字媒体艺术、AI视频创作等专业的学生。

图书在版编目(CIP)数据

AI短视频制作与运营 ： 即梦+快影+可灵+剪映+腾讯智影 / 谢智博著. -- 北京 : 化学工业出版社, 2025. 7. -- ISBN 978-7-122-48146-7

Ⅰ. TN948.4-39

中国国家版本馆CIP数据核字第2025SE5292号

责任编辑：李　辰　王婷婷　　封面设计：异一设计
责任校对：李　爽　　装帧设计：盟诺文化

出版发行：化学工业出版社（北京市东城区青年湖南街13号　邮政编码100011）
印　　装：大厂回族自治县聚鑫印刷有限责任公司
710mm×1000mm　1/16　印张$12^3/_4$　字数248千字　2026年4月北京第1版第1次印刷

购书咨询：010-64518888　　售后服务：010-64518899
网　　址：http://www.cip.com.cn
凡购买本书，如有缺损质量问题，本社销售中心负责调换。

定　　价：69.80元

前言

◎ 痛点分析

在数字化浪潮中，您是否曾感到迷茫：如何将您的创意迅速转化为吸引眼球的短视频？面对复杂的视频剪辑软件，您是否望而却步？在追求效率的今天，您是否还在为视频制作的漫长过程而苦恼？当您看到别人的视频轻松走红，您是否想知道背后的秘密？您是否在思考，如何用有限的资源制作出高质量的内容？在这个竞争激烈的短视频领域，您是否准备好脱颖而出？

本书正是为了解答这些疑问而编写的。它不仅为您提供了AI短视频制作与运营的全方位指导，更是您在数字内容创作海洋中的指南针。让我们一同探索如何利用AI技术解决这些痛点，释放您的创作潜力。以下是对相关痛点的详细讲解。

1. 技术掌握难度：许多创作者和运营人员缺乏必要的视频制作技术，难以制作出高质量的短视频内容。

2. 内容创作效率：在快节奏的社交媒体环境中，创作者需要快速产出内容以保持关注度，但传统视频制作耗时且效率低下。

3. 创意实现障碍：即使有创意想法，缺乏技术支持和工具，使得创意难以转化为吸引观众的短视频。

4. 运营效果不佳：短视频运营人员可能缺乏有效的策略和工具来提升视频的观看量、互动率和转化率。

5. 资源和工具限制：高质量的视频制作工具和资源往往成本高昂，不是所有创作者和运营人员都能负担得起。

6. 个性化和差异化：短视频内容同质化严重，创作者需要找到自己的特色和风格，实现个性化和差异化。

◎ 写作驱动

在数字化时代，短视频已成为连接创意与观众的桥梁。然而，创作者们在追求创意表达的同时，也面临着技术门槛、效率挑战和市场竞争等多重困境。本书应运而生，旨在为创作者提供一把打开数字内容创作大门的金钥匙。

本书首先聚焦于AI短视频的基础知识和技术原理，为读者打下坚实的理论基础。通过介绍AI短视频的主要用途和对未来的展望，希望激发读者对AI在视频制作中应用的无限想象。紧接着深入讲解了市场上主流的AI短视频制作工具，从即梦AI到腾讯智影AI，每一章都旨在帮助读者掌握这些工具的独特功能和操作方法。

在实战技巧部分，本书通过丰富的案例分析和课后实训，引导读者从理论走向实践，逐步提升创作能力。无论是通过文字和图片生成短视频，还是进行视频剪辑和音频处理，每一章都精心设计，以确保读者能够在实际操作中深化理解。

最后，本书将视角转向运营，讲解如何打造高人气的AI短视频。从内容策划到策略发布，从社交媒体联动到广告投放，本书提供了全方位的运营指导，助力读者在竞争激烈的市场中脱颖而出。

◎ 本书特色

1. AI技术与应用深度融合：本书深入介绍了AI技术在短视频制作中的应用，包括视频生成、剪辑处理和音频编辑等，帮助读者掌握利用AI提升创作效率和视频质量的方法。

2. 全面的工具与平台覆盖：书中详细介绍了多个AI短视频制作的工具，如即梦AI、快影AI、可灵AI、剪映AI和腾讯智影AI等，读者可以根据自身的需求进行选择。

3. 从入门到实战的系统性指导：从基础的短视频概念和技术原理讲起，逐步深入到具体的操作技巧和实战案例，使读者能够系统地学习并掌握AI短视频制作与运营的全过程。

4. 丰富的案例与实训结合：通过具体的实战案例分析，如《熊猫弹吉他》等，结合课后实训，让读者能够将理论知识应用于实践，加深理解，加强技能掌握。

5. 运营策略与内容创作并重：本书不仅关注视频的制作技术，还涵盖了短视频的运营技巧，包括发布策略、受众分析、内容优化等，帮助读者全方位提升短视频的传播效果和商业价值。

◎ 特别提醒

1. 版本更新：在编写本书时，是基于当前软件工具的实际操作图，但本书从编辑到出版需要一段时间，本书涉及的即梦AI手机版为1.2.4版本，快影AI为6.64.0.664004版本，剪映AI手机版为15.0.0版本，剪映电脑版为6.8.0版本，其他工具软件为当前的最新版本。在此期间，这些工具或网页的功能和界面可能会有变动，请在阅读时，根据书中的思路，举一反三，进行学习。

2. 关于会员功能：有的工具软件的部分功能，需要开通会员才能使用，虽然有些功能有免费的次数可以试用，但是开通会员之后，就可以无限使用或增加使用次数。对于AI短视频的深度用户，建议开通会员，这样就能使用更多的功能和得到更多的玩法体验。

3. 提示词的使用：在通过AI技术生成内容时，即使使用相同的文字描述和操作指令，AI每次生成的效果也不会完全一样，因此在通过本书进行学习时，请读者注意实践操作的重要性。

在进行创作时，需要注意版权问题，应当尊重他人的知识产权。另外，读者还需要注意安全问题，应当遵循相关法律法规和安全规范，确保作品的安全性和合法性。

◎ 版权声明

本书及附送的资源文件所采用的应用程序、模型、插件等，均为所属公司、网站或个人所有，本书引用仅为说明（教学）之用，绝无侵权之意，特此声明。

本书由谢智博著，特别感谢进行编写整理的高彪、提供素材和拍摄帮助的向小红等人。由于作者知识水平有限，书中难免有疏漏之处，恳请广大读者批评、指正。

目录

第 1 章　基础入门：短视频的概念、工具与运营

AI短视频已经成为数字艺术的一种重要形式，它通过机器学习、计算机视觉和深度学习等技术，帮助艺术家快速地生成各种艺术作品，同时也为人工智能领域的发展提供了一个很好的应用场景。本章主要讲解AI短视频的概念、工具与运营，帮助大家快速入门AI短视频。

1.1 AI短视频概述

在数字时代的浪潮下，短视频以其独特的魅力迅速崛起，成为信息传播的重要载体。如何又快又好地创作出短视频内容呢？最简单的方法之一就是运用AI来进行生成。本节将讲述AI短视频的概念，帮助大家初步认识AI短视频。

1.1.1 AI短视频的概念

扫码看视频

AI短视频是指利用人工智能技术来制作和生成的短视频。AI短视频编辑工具通过深度学习、计算机视觉等手段，对文本、图像、视频等多模态数据进行分析和处理，从而自动生成符合描述的视频。具体来说，对于AI短视频，创作者需要重点了解以下几个方面的信息。

❶ 自动化短视频制作：AI短视频编辑工具能够自动完成短视频的剪辑、音效添加和特效处理等工作，具备强大的文本理解和图像生成能力，可以根据文本描述生成相应的视频内容。

❷ 视频智能分析：AI技术在视频智能分析中的应用包括对视频内容的自动解析、识别和理解，如人脸检测、物体识别、行为分析等，这些功能可以帮助创作者更高效地处理和管理视频内容。

❸ 批量剪辑系统：一些基于AI的短视频批量剪辑系统可以显著提高剪辑效率。这些系统通常先确定主题，根据主题编辑文案，用户将拍摄后的视频导入系统即可批量剪辑，还可以添加字幕。

❹ 虚拟形象与互动场景：AI技术还可以用于生成虚拟人物或创建互动场景。例如，某平台实现了虚拟二次元网红的直播互动，展示了AI在视频编辑和自主生成方面的应用。

1.1.2 生成AI短视频的技术原理

扫码看视频

AI短视频的生成利用了各种先进技术，通过理解和模拟视频内容的各种特征和场景，如物体、动作、场景等，实现自动化的视频创作过程。下面主要介绍生成AI短视频的相关技术原理，让大家对生成AI短视频的技术原理有所了解。

1. 自然语言理解

AI短视频生成模型具有对复杂文本的理解能力，通过先进的自然语言理解算法，能够深入理解复杂的文本内容，并将其转化为指导视频生成的关键信息和描述，从而生成高质量的视频内容，相关分析如图1-1所示。

理解复杂文本的能力 → AI短视频生成模型具备先进的自然语言理解算法，能够处理输入的复杂文本，可以理解复杂的语义和差别细微的文本描述

提取关键信息、主题和视觉描述 → 在分析文本内容时，AI短视频生成模型能够准确提取文本中的关键信息、主题，以及与视频生成相关的视觉描述内容，这些信息和描述包括提示词、主要场景、视觉元素等

指导视频的生成过程 → AI短视频生成模型利用从文本中提取出来的关键信息和视觉描述来指导视频生成过程，这些信息用于确定视频内容的主题、场景设置、角色动作等，从而确保生成的视频与原始文本描述一致

图1-1　自然语言理解

2. 场景合成和渲染

AI短视频生成模型通过理解输入的文本，并利用人工智能驱动的场景合成算法，将文本描述转化为连贯的视频内容。这一过程涉及文本理解、场景合成、布局视觉元素和渲染场景等环节，最终生成符合创作者预期的视频，如图1-2所示。

理解文本输入 → AI短视频生成模型通过先进的自然语言理解技术，对创作者输入的文本进行理解，这就涉及理解文本中的语义、主题、情感，以及描述的视觉元素和动作

场景合成算法 → AI短视频生成模型利用人工智能驱动的场景合成算法，对视频内容进行布局、排列和渲染，这些算法包括计算机图形学中的场景合成技术，如虚拟场景布局、角色动作排序等

布局视觉元素 → 在布局视觉元素时，AI工具会利用生成模型生成相应的图像或视频素材，包括背景、角色、物体等元素，以及它们的外观、姿势等方面的变化，动态地生成并布局视觉元素

渲染场景 → 一旦确定动作顺序，AI短视频生成模型将选取的角色和物体以及对应的动作，通过渲染技术呈现为连贯的视频序列，并根据动作序列进行动画处理，使生成的视频具有逼真的效果

图1-2　场景合成和渲染

3. 人工智能驱动的动画技术

AI短视频生成模型能够利用人工智能驱动的动画技术，生成自然、生动的动态元素和角色动作，从而为生成的视频增添活力和真实感，相关分析如图1-3所示。

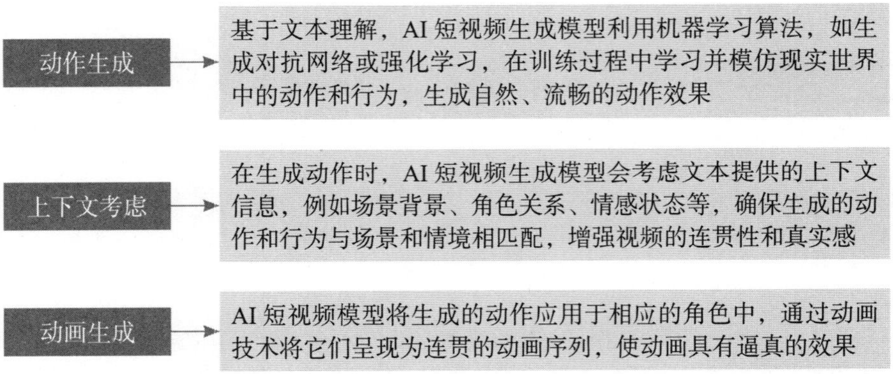

图 1-3　人工智能驱动的动画技术

1.1.3　AI短视频生成技术的主要用途

扫码看视频

近年来，AI短视频生成技术取得了显著的发展，其主要用途和应用场景也在不断扩展。以下是AI短视频生成技术的一些主要用途。

1. 内容创作

AI短视频生成技术可以用来创造全新的视频内容，包括动画、特效等，这在电影、游戏和广告制作中尤为突出。例如，AI可以根据文本描述自动生成视频场景，大大提高了内容创作的效率和创新性。

2. 教育培训

在教育领域中，AI短视频生成技术可以用来制作教学视频，提供模拟实验和虚拟场景，提升学生的学习体验。例如，在制造业员工技能培训中，AI可以模拟生产线的各种故障情况，让员工在虚拟环境中进行故障排除训练。

3. 营销和广告

AI短视频生成技术可以用于生成个性化的广告视频，通过分析消费者的行为数据，AI可以自动创建多个广告版本，提高广告的相关性和效果。

4. 媒体和娱乐

AI短视频生成技术在媒体和娱乐领域中的应用正彻底改变内容创作、分发和消费的方式，它不仅能够自动生成和编辑视频内容，提高制作效率，还能通过深度学习分析用户的行为和偏好，实现个性化内容推荐。

同时，AI短视频生成技术也在虚拟现实、增强现实体验中发挥着关键作用，为用户带来沉浸式娱乐体验，推动了整个媒体和娱乐行业的创新与发展。

1.1.4　AI短视频的制作流程

扫码看视频

AI短视频制作流程是一个系统化且高效的过程，主要包括确定短视频的主题、生成短视频脚本内容、创作短视频画面效果，以及对短视频进行后期处理等，它结合了人工智能技术与传统的视频编辑方法，旨在帮助创作者快速、高质量地制作出吸引人的短视频内容。

1. 确定短视频的主题

确定主题是短视频制作过程中的一个重要环节，它直接关联到视频内容的吸引力、目标达成度以及受众的接受程度。在确定短视频的主题和风格时，需要综合考虑多个因素，以确保最终的视频作品既符合创作初衷，又能有效触达并吸引目标受众。

创作者可以通过以下3个方面来确定短视频的主题，如图1-4所示。

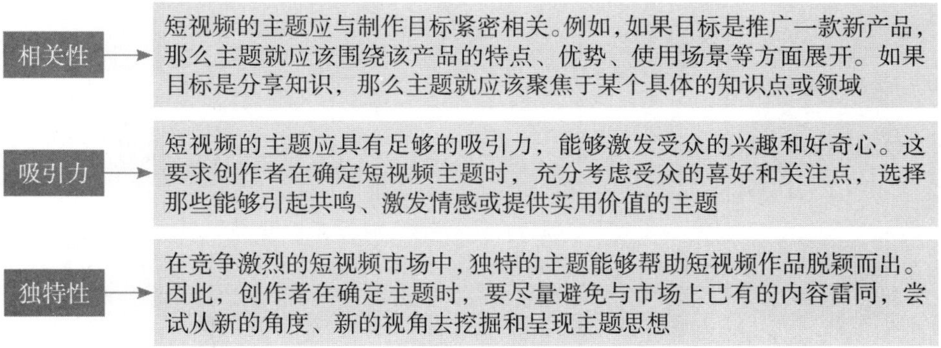

图 1-4　确定短视频的主题

风格是短视频的外在表现形式，它决定了视频的整体氛围和观感。在确定AI短视频的风格时，需要考虑以下几个方面的信息，如图1-5所示。

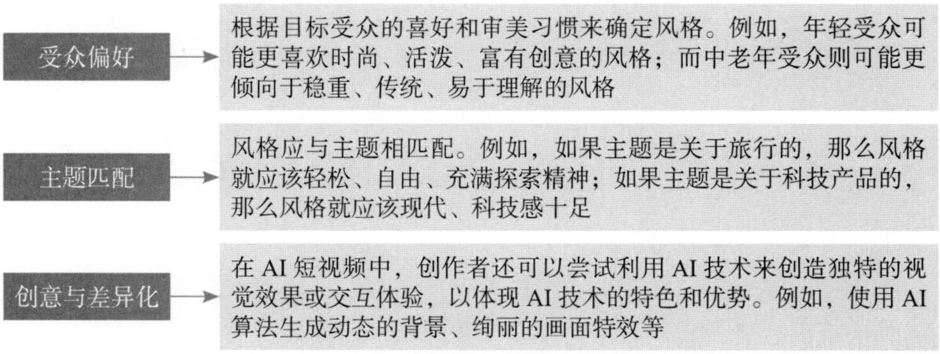

图 1-5　确定短视频的风格

在确定AI短视频的主题和风格时，创作者需要综合考量多个因素之间的平衡与协调。具体包括主题与制作目标的契合度、受众对主题的接受程度、风格与主题的匹配度，以及AI技术的运用效果等。通过全面、细致地分析和比较，创作者可以确定出最适合的主题和风格，为后续的视频制作奠定坚实的基础。

2. 生成短视频脚本内容

当创作者确定AI短视频的主题和风格之后，接下来的一步是使用AI工具来生成短视频的脚本文案。这一过程结合了创意构思、内容规划、语言组织和AI智能生成等多个方面，旨在创作出既吸引人又符合主题要求的视频脚本内容。

下面对生成短视频脚本内容进行相关分析，如图1-6所示。

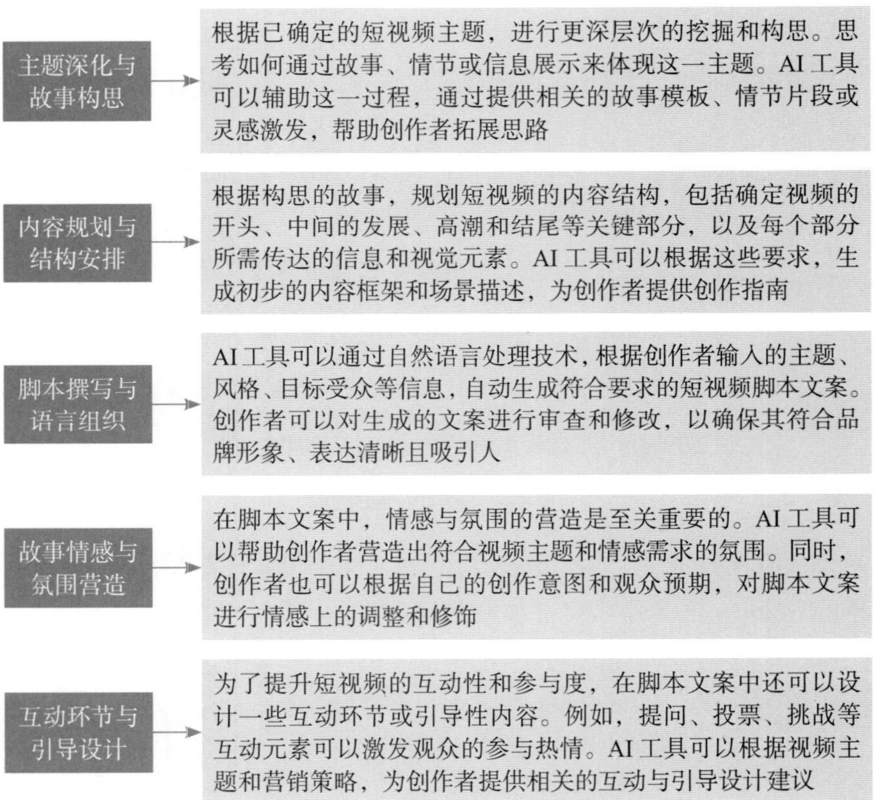

图 1-6 生成短视频脚本内容的相关分析

3. 创作短视频画面效果

确定好短视频的主题并生成相应的脚本文案后，接下来需要使用AI工具生成短视频的画面效果，这是现代视频制作领域的一项创新技术。AI通过深度学习技术和大数据分析，能够自动分析并模仿人类的创作风格，甚至创造出全新的视觉元素。在短视频制作中，AI工具可以应用于多个方面，如场景构建、色彩调整、特效添加、人物动画等。

制作者只需输入基本指令或参考素材，AI便能快速生成符合要求的画面效果，极大地提高了制作效率。同时，AI还能根据视频内容自动调整节奏、转场等，使视频更加流畅自然。这种技术的应用，不仅降低了短视频制作的门槛，也为创作者提供了更多创意空间，让视频内容更加丰富多样。

4. 对短视频进行后期处理

当使用AI短视频创作工具生成理想的短视频作品后，我们可以对AI短视频作品进行后期处理，以进一步加强作品的质感和表现力，包括智能合成素材、调整视频的色调、修饰细节、添加滤镜等，使视频作品更加丰富和引人注目。

例如，剪映不仅可以一键生成各种类型的短视频素材，它还是一款功能强大的视频编辑工具，可以对视频画面进行后期处理与剪辑，让创作者能够自由掌控视频的节奏和效果。剪映还支持智能字幕等功能，大大简化了视频编辑的过程。

1.1.5　AI短视频的未来

随着人工智能技术的飞速发展和普及，AI短视频创作领域正经历着前所未有的变革与创新。这一领域不仅融合了先进的AI技术，还紧密结合了创意艺术、内容营销、社交媒体等多个方面，展现出广阔的发展前景。

扫码看视频

下面对AI短视频的未来进行相关分析，如图1-7所示。

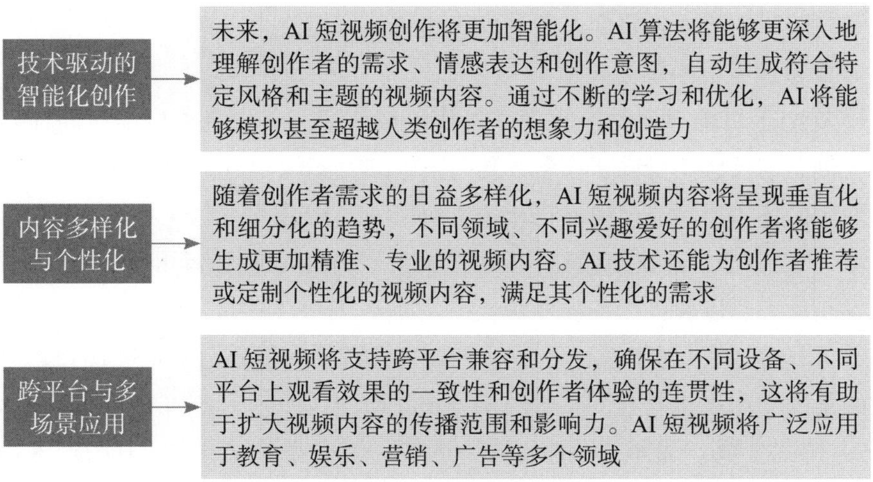

图 1-7

- **创意驱动的技术创新** → 未来的AI短视频创作将更加注重创意与技术的深度融合。AI技术将不再是单纯的工具或手段，而是激发创意、实现创意的重要驱动力。创作者将利用AI技术探索新的创作方式和表现手法，打破传统创作的局限和束缚
- **技术与艺术的完美融合** → 随着AI技术的不断成熟和完善，AI短视频将逐渐实现技术与艺术的完美融合。AI将能够更准确地捕捉和表达人类的情感和思想，使视频内容更加生动、感人，更具有艺术感染力

图 1-7 对 AI 短视频未来的相关分析

1.2 AI短视频创作工具

随着AI技术的发展，可用于创作短视频的工具也变得越来越多了。本节将选取比较常见的几个AI短视频创作工具，重点进行讲解。

1.2.1 工具1：即梦AI

扫码看视频

即梦AI是由字节跳动公司抖音旗下的剪映推出的一款AI图片与视频创作工具，它支持通过自然语言及图片输入生成高质量的图像及视频，提供智能画布、故事创作模式等编辑功能，以及创意社区交互资源，旨在降低创作门槛，激发创作的想象力。

在使用即梦AI平台（包括手机版和网页版）进行短视频创作之前，还需要掌握即梦AI平台中的各功能模块，认识相应的操作功能。下面分别介绍即梦AI手机版和电脑版的界面或页面，帮助大家快速认识相关的功能。

1. 即梦AI手机版界面介绍

即梦AI手机版界面简洁直观，操作流畅便捷。创作者可以随时随地轻松编辑，让创意与灵感不受限于设备，随时随地焕发图像新活力。下面对即梦AI手机版界面中的各主要功能模块进行相关讲解，如图1-8所示。

❶ 个人中心：点击该按钮，即可进入个人中心，创作者可以在此编辑资料、查看发布动态，以及进行各项设置。

❷ 积分系统：创作者每天可以领取随机数量的积分用来生成视频，但需要注意的是即梦AI手机版与网页版的积分是互通的。

❸ 图片生成：选择“图片生成”选项，创作者可以通过在其中输入提示词或上传图片、替换生图模型或者更改生图比例来生成图片。

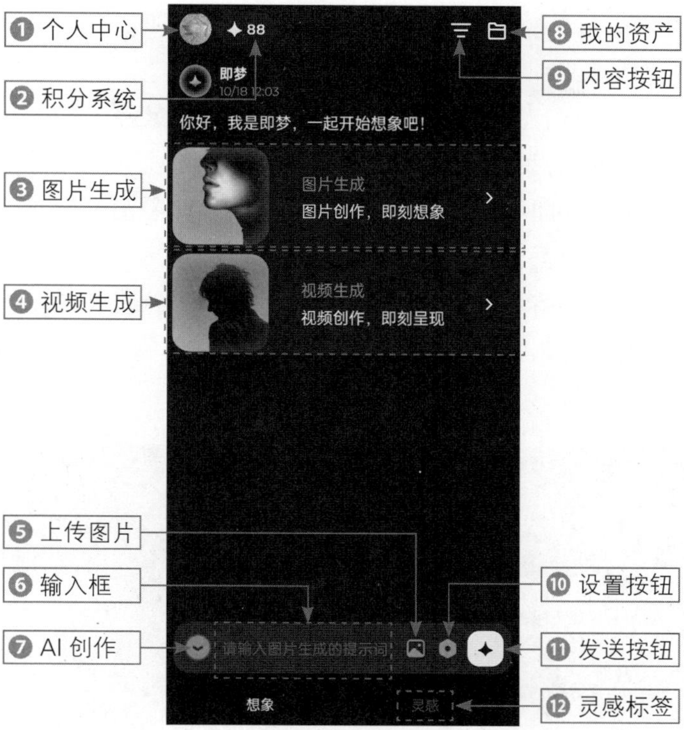

图 1-8　即梦 AI 手机版“想象”界面

❹ 视频生成：选择“视频生成”选项，创作者可以通过在其中输入提示词或上传图片、更换生成时长、选择运镜选项，以及更改视频比例来生成视频。

❺ 上传图片：点击按钮，可以通过上传图片的形式，来生成图片或视频。

❻ 输入框：这是与AI进行互动的主要功能区域，点击输入框，创作者可以在其中输入提示词。

❼ AI创作：点击按钮，弹出相应的面板，即可选择“图片生成”与“视频生成”选项。当界面中显示蓝色图标时，表示现在处于“图片生成”模式；当界面中显示紫色图标时，表示现在处于“视频生成”模式。

❽ 我的资产：点击按钮，即可进入“我的资产”界面，创作者可以对即梦AI手机版及电脑版生成的图片和视频进行查阅与管理，包括收藏、编辑、发布、下载和删除等。

❾ 内容按钮：点击按钮，即可查看AI生成的“全部内容”“图片内容”“视频内容”。

❿ 设置按钮：点击按钮，即可设置生成内容，包括图片模型和比例，以及视频生成时长、运镜和比例。

⓫ 发送按钮：在输入框中输入提示词，点击按钮，即可发送提示词，生成相应的图片或视频。

⓬ 灵感标签：点击“灵感”标签，即可切换至“灵感”界面，创作者可以在此选择喜欢的图片或视频做同款，还可以点击界面右上角的“活动”按钮，参与活动；点击按钮，即可进入“消息中心”界面，查看消息。

2. 即梦AI网页版页面介绍

在浏览器中搜索并单击即梦AI的官网链接之后，会进入“首页”页面，该页面中包括“AI作图”“AI视频”“常用功能”等板块，还有社区作品欣赏区域，如图1-9所示。

图 1-9　即梦 AI 网页版“首页”页面

下面对即梦AI“首页”页面中的各主要功能进行相关讲解。

❶ 常用功能：在该列表中，包括“探索”“活动”“图片生成”“智能画布”“视频生成”“故事创作”等多种常用功能，选择相应的选项，即可跳转到对应的页面。

❷ AI作图：在该选项区中，包括“图片生成”与“智能画布”两个按钮，单击相应的按钮，可以生成AI绘画作品。

❸ AI视频：在该选项区中，包括“视频生成”与“故事创作”两个按钮，单击相应的按钮，可以生成AI视频作品。

❹ AI音乐：该功能可以根据创作者的偏好自动生成个性化的音乐作品，包括人声歌曲和纯音乐的制作，支持情境定制与即兴创作。

❺ 社区作品：在该区域中，包括“灵感”和“短片”两个选项卡，其中展示了其他创作者创作和分享的AI短视频作品，单击相应作品可以放大并预览。

1.2.2　工具2：快影

扫码看视频

快影App是快手公司旗下一款专业且简单易用的视频剪辑应用，它提供了丰富的视频剪辑功能，以及海量的音效、音乐和模板素材，让创作者能够轻松制作出高质量、个性化的视频作品，并支持一键分享至各大社交平台。

创作者要使用快影的功能生成相关的AI短视频，需要对快影App的界面有所了解。快影App的界面设计简洁明了，创作者可以快速上手并找到所需的功能。下面介绍快影App“剪辑”界面的布局情况，如图1-10所示。

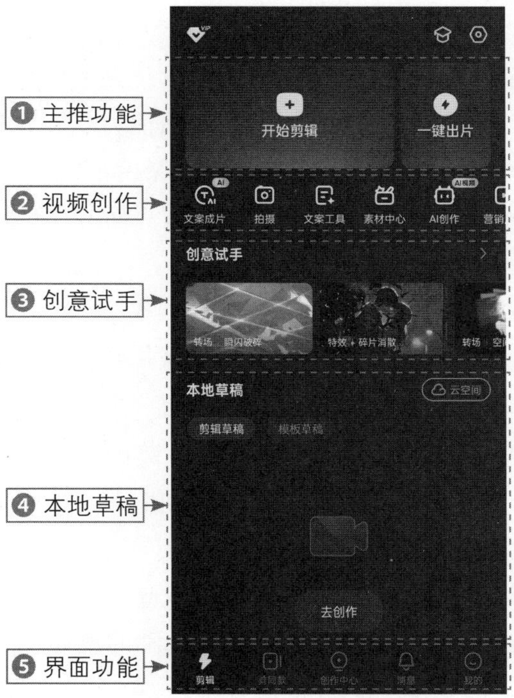

图 1-10　快影 App 的“剪辑”界面

❶ 主推功能：该区域为创作者展示了“开始剪辑”和“一键出片”这两个快影App主推的功能。其中，使用“开始剪辑”功能，可以对上传的素材文件进行剪辑处理；而使用“一键出片”功能，则可以对上传的素材文件进行整合，快速生成一条完整的视频。

❷ 视频创作：该区域有许多视频创作功能，如文案成片、拍摄、文案工具、素材中心、AI创作、营销成片等，覆盖了从快速成片到专业创作、从个人娱乐到商业营销等多种需求，为创作者提供了全面、便捷的视频创作体验。

❸ 创意试手：该区域中展示了快影App推出的一些创意功能，创作者可以点击对应的按钮，使用对应的创意功能进行内容创作。

❹ 本地草稿：该区域分为“剪辑草稿”和“模板草稿”这两个选项卡展示本地的草稿。创作者不仅可以查看并编辑草稿内容，还可以点击“去创作”按钮，进行内容的创作。

❺ 界面功能：界面底部有一排标签，包含快影App的常用功能，如“剪辑”“剪同款”“创作中心”“消息”“我的”，点击相应的标签，即可进入相应的界面进行操作。

1.2.3 工具3：可灵AI

扫码看视频

可灵AI是快手科技自研的一款视频生成大模型，它代表了当前AI视频技术的领先水平。这款大模型具备强大的视频生成能力，能够根据创作者输入的文本或图片，快速生成高质量的图片或视频内容。

可灵AI分为手机版和网页版，下面就通过对界面或页面的介绍，带大家快速了解可灵AI的这两个版本。

1. 可灵AI手机版界面介绍

可灵AI手机版属于快影App的一个板块，只有下载快影App之后，才能使用可灵AI手机版生成短视频。下面介绍可灵AI手机版的“可灵 × 快影AI生视频”界面，该界面中展示了可灵AI手机版的许多核心功能，如图1-11所示。

下面对可灵AI手机版“可灵 × 快影AI生视频”界面中的主要功能进行讲解。

❶ 文生视频：该功能允许创作者通过输入文本描述，自动生成与之对应的视频内容。可灵AI可以模拟真实世界的物理特性，生成高质量、符合物理规律的视频。创作者可轻松实现创意表达，将想象力转化为生动的视觉作品。

❷ 文字描述：在文本框中可以输入相应的提示词，或点击“随机咒语”按钮随机生成提示词，用于指导AI生成特定的视频效果。

❸ 运镜控制：这里可以对短视频画面的运动方式进行设置，让生成的短视频更加人性化。

❹ 标准：这是对可灵AI整体性能的概括，标准视频生成大模型具备出色的视频生成能力，视频生成速度更快。

❺ 视频时长：创作者可以根据自身需求，选择合适的视频时长，如选择5s或10s选项。需要注意的是，“标准”模式暂不支持生成10s时长的视频。

图 1-11　“可灵 × 快影 AI 生视频”界面

❻ 生成视频：点击该按钮，即可开始生成相应的视频。

❼ 处理记录：点击该按钮，即可进入相应的界面，在该界面中可以查看正在生成或者已经生成成功的AI视频。

❽ 图生视频：创作者只需上传任意图片，即可生成5s的精彩视频，并支持添加提示词控制图像运动，支持不同风格和长宽比的图像输入，满足多样化的需求。点击“添加图片”按钮，可以上传一张图片，实现以图生视频。

❾ 高品质：指的是其卓越的性能与效果，使生成的视频画面质量更佳，为用户提供流畅、自然的交互体验。需要创作者注意的是，使用“高品质”模型生成视频，需要35个灵感值；而使用“标准”模型生成视频，则只需要10个灵感值。

❿ 灵感值：点击该按钮，即可进入相应的界面，可以查看所有灵感值的来源及消耗情况。

2. 可灵AI网页版页面介绍

可灵AI网页版（即可灵AI平台）是一个便捷、高效且功能丰富的视频生成平台，创作者无须下载和安装任何客户端，即可直接使用该平台的各项功能，这无疑极大地提高了创作效率。无论是生成图片还是生成视频，可灵AI都能够提供高质量的内容输出，满足创作者的多样化需求。可灵AI平台“首页”页面中各主要功能模块如图1-12所示。

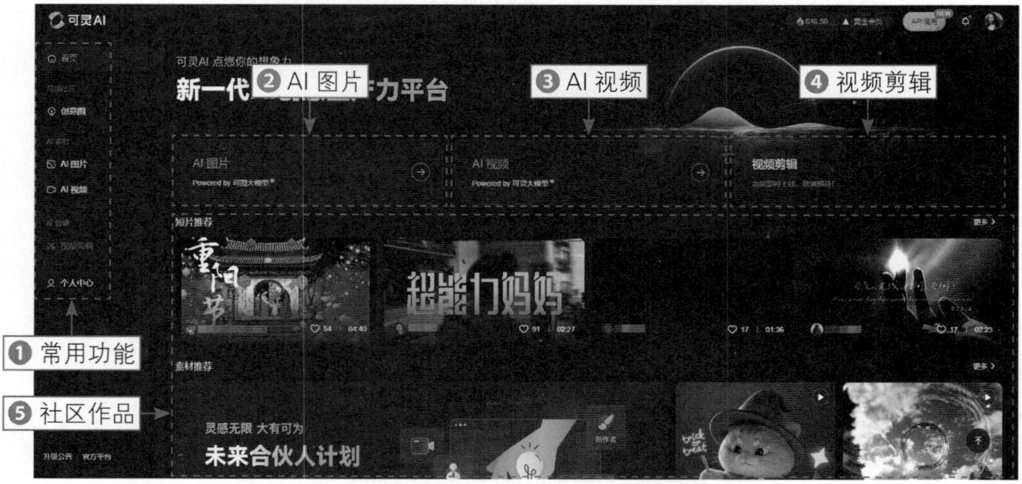

图 1-12　可灵 AI 平台的“首页”页面

下面对“可灵AI”页面中的各主要功能进行相关讲解。

❶ 常用功能：在页面左侧的侧边栏中，清晰地列出了可灵AI的主要功能，使网页能够以一种有序、结构化的方式展示其内容，帮助创作者快速定位到自己想要访问的页面或功能。创作者只需单击对应的按钮，即可跳转到对应的页面，极大地提高了浏览效率。

❷ AI图片：使用该功能，创作者只需输入提示词或上传图片，即可让可灵AI平台生成相关的图片。

❸ AI视频：使用该功能，创作者可以通过文本生成视频（文生视频）或通过图片生成视频（图生视频）。可灵AI支持生成5s和10s两种时长的视频，生成的视频在动态性和人物动作一致性方面表现不错。

❹ 视频剪辑：使用该功能，允许创作者对视频进行相关的编辑操作。具体的操作方法，还需要等该功能上线之后才知道。

❺ 社区作品：该区域主要用来展示平台中其他创作者发布的优秀作品，“短片推荐”板块中的作品可以用来欣赏，而“素材推荐”板块中的作品，则可以单击相应作品下方的“一键同款”按钮，快速生成与原作品相似的视频或图片效果，大大节省创作者的时间和精力。

1.2.4　工具4：剪映

扫码看视频

剪映是抖音官方推出的一款视频制作和编辑工具，使用剪映的AI功能，可以快速生成并编辑短视频。剪映分为手机版和电脑版两个版本，下面就对其界面进行介绍，带领大家了解剪映的常见功能。

1. 剪映手机版界面介绍

剪映手机版（即剪映App）拥有简洁明了的界面设计和直观的操作方式，让创作者能够轻松上手并快速掌握软件的使用方法。下面以剪映手机版的“剪辑”界面为例，介绍剪映的各主要功能模块，如图1-13所示。

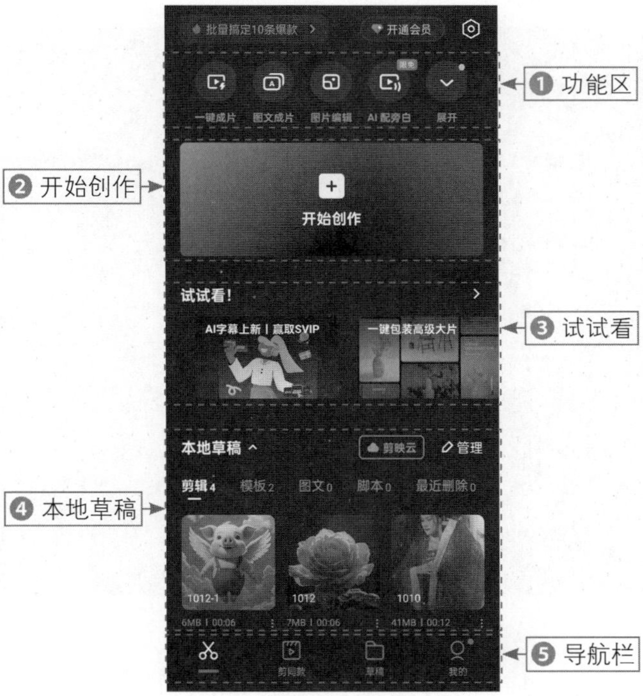

图 1-13　剪映 App“剪辑”界面

下面对剪映App界面中的各主要功能模块进行相关讲解。

❶ 功能区：包括多种剪映功能，如一键成片、图文成片、图片编辑、AI配旁白等，选择相应的选项，即可开始制作不同效果的视频与图片。

❷ 开始创作：点击该按钮，即可开始导入照片或视频素材，进行内容创作。

❸ 试试看：该区域中为创作者提供了许多模板，创作者可以制作或剪辑出同款视频效果。

❹ 本地草稿：这是一个草稿箱，其中显示了创作者创作过的所有视频内

容。如果创作者需要继续编辑之前保存的草稿，只需在“本地草稿”中选中相应的项目，即可快速进入编辑状态，无须从头开始编辑视频，为创作者提供了极大的便利。

❺ 导航栏：导航栏中包括“剪辑”“剪同款”“草稿”“我的”4个功能标签，每个标签都承载着特定的功能，为创作者提供了全面、便捷的视频编辑和社交体验。

2. 剪映电脑版界面介绍

剪映电脑版具备多轨编辑、丰富的素材库、智能辅助、高质量输出、强大的字幕编辑、精准音频处理等多项强大的功能，为用户提供了简洁明了的操作界面，其首页界面如图1-14所示。

图 1-14　剪映电脑版首页界面

下面对剪映电脑版界面中的各主要部分进行相关讲解。

❶ 个人主页：单击该按钮，即可进入个人主页，创作者可以在此查看素材和收藏的内容，以及发布素材。

❷ 模板：单击该按钮，进入“模板”界面，创作者可以根据自身需求，选择相应的模板，使用其进行视频制作。

❸ 云空间：云空间包括“我的云空间”和“小组云空间”两个板块，创作者将视频上传至“我的云空间”，可以将视频进行云端备份；而“小组云空间”则是一个专为团队协作设计的功能，可以用于团队协作与共享、作为存储空间或扩容等。

❹ 热门活动：单击该按钮，将打开“热门活动”页面，创作者可以参与各类投稿活动。

❺ 开始创作：这是剪映首页的主要功能之一，单击该按钮，即可进入创作页面，开始进行内容创作。

❻ 功能区：这是剪映电脑版的功能专区，具备丰富的功能，例如“视频翻译”“智能裁剪”“图文成片”“营销成片”“创作脚本”等，单击相应的按钮，即可体验对应的功能。

❼ 草稿区：这是草稿专区，创作者剪辑的视频，都会自动保存在此处，但仅限于本地保存，如果创作者重新安装该应用或者换电脑设备登录，将会看不到这些本地视频草稿。

1.2.5　工具5：腾讯智影

扫码看视频

腾讯智影是一款云端智能视频创作工具，创作者通过浏览器即可访问，并进行AI短视频的生成和剪辑。其强大的AI功能为创作者提供了高效、智能的创作方式，广泛应用于内容创作、教育培训、企业宣传、娱乐互动等多个领域。

腾讯智影凭借其强大的功能、丰富的应用场景和显著的优势，成为广大创作者进行数字人创作的首选工具之一。其操作页面是一个功能丰富、易于使用的云端智能视频创作平台，页面设计简洁明了，如图1-15所示。

图 1-15　腾讯智影的操作页面

下面对腾讯智影页面中的核心区域进行相关讲解。

❶ 导航栏：其中包含在线素材、全网热点、我的草稿、我的资源、我的发

布及团队空间等入口，方便创作者创作视频作品、进行账号管理等。

❷ 核心功能：其中显示了腾讯智影的3个核心功能，如数字人播报、动态漫画及AI绘画，通过直观的图标和文字描述，方便创作者快速找到并使用相应的功能。

❸ 智能小工具：这是一个集成了多种实用功能的区域，旨在为创作者提供便捷的视频创作辅助。该板块中包含视频剪辑、文本配音、格式转换、数字人播报等多种工具，帮助创作者在视频制作过程中快速解决各种需求。

❹ 我的草稿：创作者在创作视频的过程中，可能会因为各种原因需要暂时中断。此时，“我的草稿”板块允许创作者保存当前的创作进度，包括已添加的视频片段、音频、字幕、特效等，确保创作内容不会丢失。随着创作次数的增加，创作者可能会积累多个草稿，在“我的草稿”板块中，创作者可以清晰地看到保存的所有草稿列表，方便进行管理和查找。选择相应的草稿，即可快速回到之前的创作状态，继续进行编辑和调整。

1.3 AI短视频运营概述

AI短视频运营是指利用人工智能技术来优化和提升短视频内容的制作、传播及变现效率的一系列活动。本节将对AI短视频运营的基础知识进行简单讲解，帮助大家快速了解AI短视频运营。

1.3.1 AI短视频运营的商业价值

扫码看视频

近年来，随着AI技术的不断发展和应用的深化，AI短视频运营的商业价值将得到进一步挖掘和释放。具体来说，AI短视频运营的商业价值主要体现在6个方面，如图1-16所示。

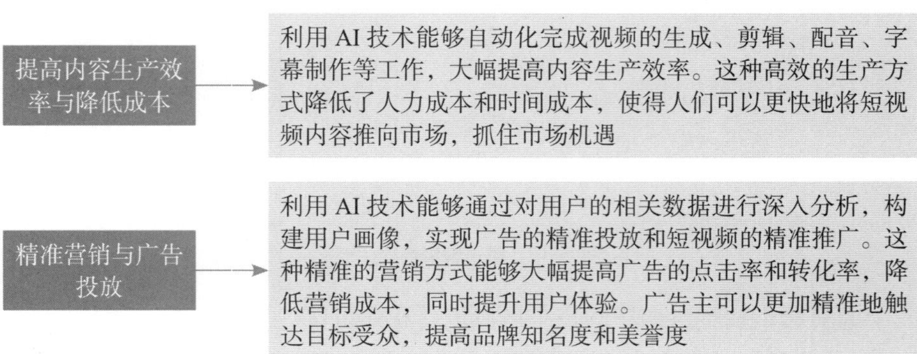

- **提高用户互动率，增强用户黏性** → AI 技术可以实现与用户的互动，如自动回复评论、点赞等，增强用户参与感和黏性。这种互动不仅能够提高用户的满意度和忠诚度，还能够促进用户之间的社交传播，扩大短视频内容的影响力
- **拓展商业的变现渠道** → AI 短视频运营为商业变现提供了更多可能性。通过短视频内容的传播和推广，可以吸引更多创作者关注和购买相关产品或服务。同时，AI 短视频还可以与电商平台、社交媒体等平台进行合作，实现流量变现和电商转化
- **提升品牌影响力与美誉度** → AI 短视频运营能够为企业打造独特的品牌形象和风格，提高品牌知名度和美誉度。通过高质量的短视频内容，企业可以展示其产品或服务的优势和特点，吸引更多潜在客户的关注和认可。同时，AI 短视频还可以与创作者进行互动和沟通，增强创作者与品牌之间的情感联系和信任感
- **推动产业升级与创新** → AI 短视频运营的发展推动了短视频行业的产业升级和创新。通过 AI 技术的应用和数据的挖掘分析，短视频行业可以更加精准地了解创作者的需求和市场趋势，从而制定更加有效的运营策略和产品规划

图 1-16　AI 短视频运营的商业价值

1.3.2　AI短视频运营的核心逻辑

扫码看视频

AI短视频运营的核心逻辑在于利用AI技术打造个性化内容、优化短视频制作与发布流程、强化互动与粉丝管理、多渠道推广与矩阵营销，以及持续创新与优化，如图1-17所示。这些核心逻辑共同构成了AI短视频运营的完整框架，为创作者提供了高效、精准的短视频营销策略。

- **利用 AI 技术打造个性化内容** → AI 短视频运营的核心在于利用先进的人工智能技术，深度挖掘创作者偏好和行为模式，从而生成个性化的短视频内容。通过精准匹配创作者的需求和兴趣，AI 能够创造出既专业又吸引人的独特内容，提升创作者的体验
- **优化短视频制作与发布流程** → AI 技术极大地优化了短视频的制作与发布流程。通过智能剪辑、节奏调整、镜头选择等功能，AI 能够高效地完成视频内容的后期处理，确保视频质量的同时缩短制作周期
- **强化互动与粉丝管理** → AI 短视频运营注重与粉丝的互动和关系管理。通过智能识别和分析粉丝的评论、点赞、分享等行为，AI 能够精准地捕捉粉丝的需求和反馈，提供个性化的回复和互动体验。同时，AI 还能对粉丝数据进行深度挖掘，为创作者提供有价值的粉丝画像和营销策略建议

图 1-17

多渠道推广与矩阵营销 → AI能够智能分析不同平台创作者的特点和行为模式，制定具有针对性的推广策略，确保视频内容在不同平台都能获得良好的表现。此外，通过批量管理多个账号，AI还能实现矩阵化营销，提高品牌知名度和创作者黏性

持续创新与优化 → AI短视频运营需要不断追求创新和优化。在内容创作方面，AI能够不断探索新的创意点和表达方式，以吸引创作者的注意力并保持新鲜感。在运营策略方面，AI能够根据数据分析结果和用户反馈，不断调整和优化策略，确保短视频运营始终保持在行业前沿

图1-17　AI短视频运营的核心逻辑

1.3.3　AI短视频运营团队的组建

扫码看视频

AI短视频运营团队的组建是一个涉及多方面因素的过程，以下通过图解对这一过程进行详细阐述，如图1-18所示。

明确团队目标与职责分工 → 在组建AI短视频运营团队之前，需要明确团队的目标和使命，以及各成员的职责分工。团队目标应与企业整体战略相一致，职责分工则应根据团队成员的技能和经验进行合理分配，确保每个成员都能发挥自己的优势

招募有经验的团队成员 → AI短视频运营团队需要招募具有相关经验和技能的成员，以支持整个运营过程。这些关键岗位包括策划师、编辑、运营人员、摄影师和数据分析师等。除此之外，团队中还可以考虑引入AI技术人员

建立有效的沟通和协作机制 → 团队成员之间的有效沟通和协作是构建成功的AI短视频运营团队的关键因素。团队应建立定期的会议制度，确保成员之间的信息共享和进度同步。同时，可以利用沟通工具和项目管理软件来协助团队成员更好地协作和合作，提高整个团队的工作效率

优化运营策略和内容创新 → AI短视频运营团队需要不断优化和改进运营策略，以适应市场变化和受众需求的变化。同时，团队需要关注内容创作和创新，不断寻找新的创意和内容方向，以吸引更多的受众。团队成员需要具有创造力和创新精神，不断推出新的内容形式和互动方式

团队成员的培训和发展 →	由于AI技术在短视频运营中的应用日益广泛，团队成员需要不断学习和掌握新的技能和知识。因此，团队应定期为成员提供培训和发展的机会，以提高他们的专业素养和创新能力，而这可以通过内部培训、外部培训、在线课程等方式实现
合法性、合规性和风险管理 →	在AI短视频运营过程中，团队需要严格遵守国家法律法规和各短视频平台的规定，确保内容的合法性和合规性。同时，团队还需要关注风险管理，及时发现和解决潜在的问题和风险，以确保团队的稳健运营和发展

图1-18　AI短视频运营团队的组建

课后实训

【效果展示】除了1.2节提到的几种工具，创作者还可以使用其他工具生成AI短视频。例如，在智谱清言平台中，即可使用文字生成相关的AI短视频，效果如图1-19所示。

扫码看视频

图1-19　智谱清言平台的文生视频效果

下面介绍在智谱清言平台中使用文字生成AI短视频的操作方法。

步骤01 ❶在浏览器（如百度）中输入“智谱清言”；❷单击“百度一下”按钮；❸单击搜索结果中的智谱清言官网链接，如图1-20所示，打开智谱清言的官网。

步骤02 进入智谱清言的ChatGLM（智谱清言的千亿对话模型）页面，单击左侧导航栏中的“清影-AI生视频”按钮，如图1-21所示，进行页面的切换。

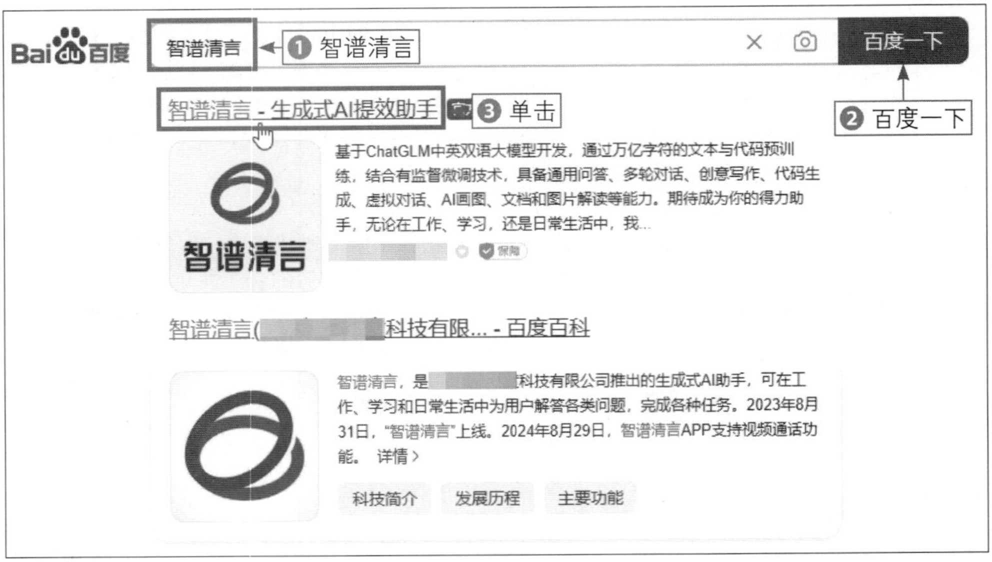

图 1-20　单击搜索结果中的智谱清言官网链接

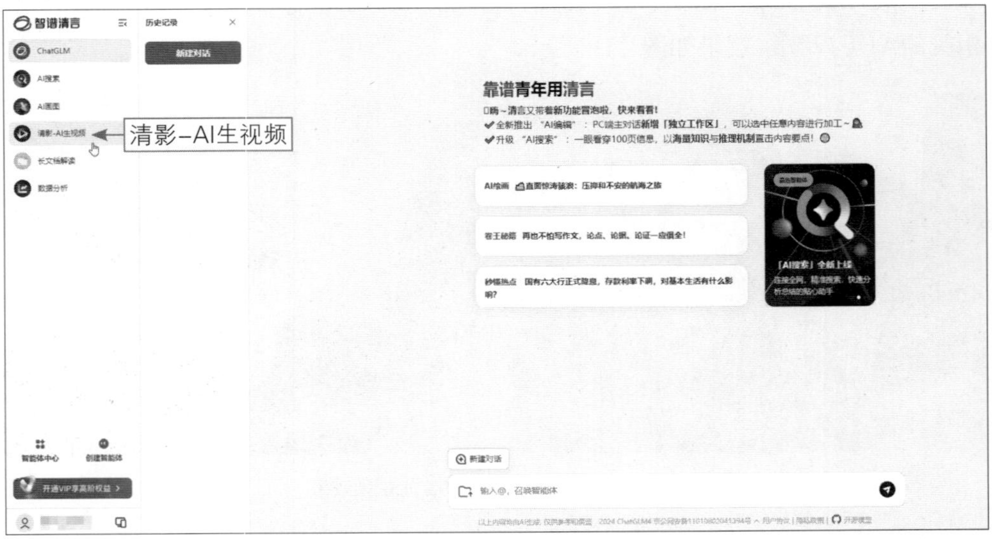

图 1-21　单击“清影 -AI 生视频”按钮

步骤 03 进入“清影-AI生视频”页面，❶在“文生视频”选项卡的“灵感描述”板块中输入提示词，描述短视频内容；❷单击“生成视频”按钮，如图1-22所示，进行短视频的生成。

步骤 04 执行操作后，智谱清言即可根据用户输入的提示词，生成一条相关的短视频，如图1-23所示。

图 1-22　单击“生成视频”按钮

图 1-23　生成一条相关的短视频

第 2 章　即梦 AI：助力人们实现艺术创作自由

即梦AI是字节跳动推出的一站式生成式人工智能创作平台，支持通过自然语言及图片输入生成高质量的图像及视频。借助即梦AI，用户可以快速创作出所需的AI图片和视频，让艺术创作变得更加自由。

2.1　快速认识即梦 AI

如果创作者要使用即梦AI的相关功能生成短视频，需要先下载所需的即梦AI软件，并了解即梦AI的核心功能，这样可以让短视频的生成更加高效。

2.1.1　即梦AI手机版的安装与登录

扫码看视频

通过抖音账号可以直接登录即梦AI手机版，如果创作者有抖音账号，就可以打开手机中的抖音App，然后扫码授权登录即梦AI平台。下面就来介绍安装与登录即梦AI手机版的操作技巧。

步骤 01 打开手机，点击手机桌面上的“软件商店”图标，如图2-1所示。

步骤 02 在软件商店的搜索框中，❶输入“即梦AI”进行搜索；❷点击“即梦AI”右侧的“安装”按钮，如图2-2所示，进行App的安装。

步骤 03 App下载安装完成后，“安装”按钮会变成“打开”按钮，点击“打开”按钮，如图2-3所示。

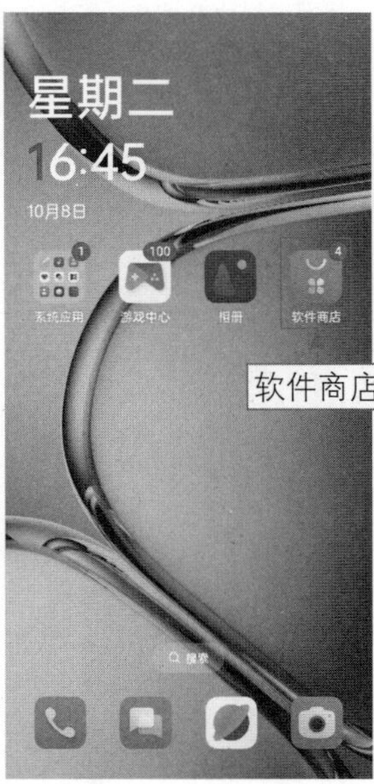

图2-1　点击“软件商店”图标

图2-2　点击“安装”按钮

图2-3　点击“打开”按钮

步骤 04 进入即梦AI App，会弹出“个人信息保护指引”面板，点击该面板中的“同意”按钮，如图2-4所示。

步骤 05 进入即梦AI App的“灵感”界面，点击界面左上方的头像，如图2-5所示，进行账号的登录。

步骤 06 在新跳转的界面中，❶ 选中“已阅读并同意用户协议和隐私政策”复选框；❷ 点击“通过抖音登录”按钮，如图 2-6 所示。

步骤 07 执行操作后，弹出“‘即梦 AI’想要打开‘抖音’”面板，点击“打开”按钮，如图 2-7 所示。

步骤 08 执行操作后，切换至相应界面，点击“同意授权”按钮，如图 2-8 所示。

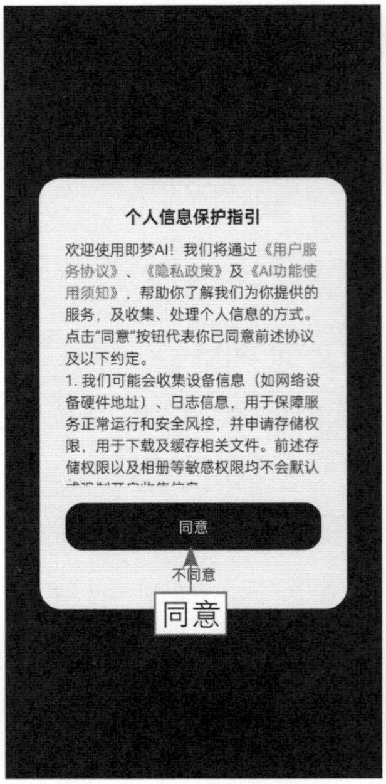

图 2-4　点击“同意”按钮

图 2-5　点击界面左上方的头像

图 2-6　点击“通过抖音登录”按钮

图 2-7　点击“打开”按钮

步骤 09 如果新跳转的界面中显示账号的名称和头像等信息，就说明账号登录成功了，如图2-9所示。

图 2-8　点击“同意授权”按钮

图 2-9　账号登录成功

2.1.2　即梦AI网页版的登录

创作者可以通过两种方法登录即梦AI网页版，一种方法是打开手机中的抖音App，然后扫码授权登录即梦AI平台；另一种方法是使用手机号码验证授权登录即梦AI平台。下面介绍通过抖音扫码登录即梦AI网页版的操作步骤。

扫码看视频

步骤 01 ❶在浏览器（如360浏览器）中输入“即梦AI”；❷单击“搜索”按钮，如图2-10所示，进行网站的搜索。

图 2-10　单击“搜索”按钮

步骤 02 执行操作后，浏览器会根据输入的内容进行搜索，单击搜索结果中即梦AI官网的链接，如图2-11所示。

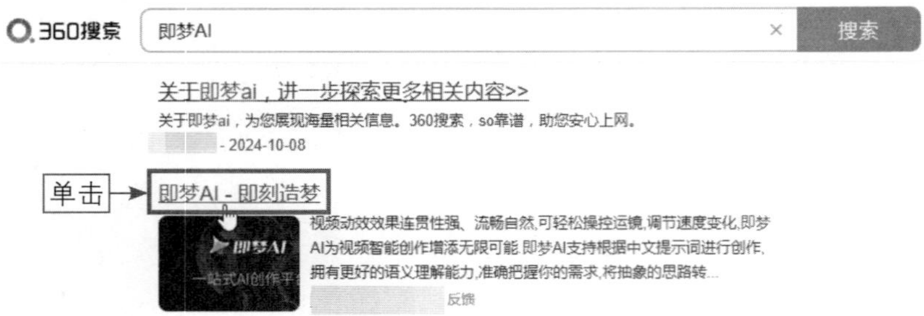

图 2-11　单击即梦 AI 的官网链接

步骤 03 进入即梦AI官网的默认页面，单击页面右上方的“登录”按钮，如图2-12所示，进行账号的登录。

图 2-12　单击“登录”按钮

步骤 04 执行操作后，跳转至新页面，❶选中相关的协议复选框；❷单击“登录”按钮，如图2-13所示。

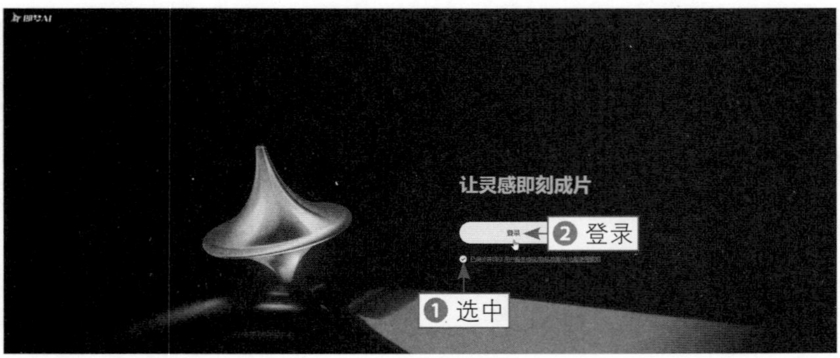

图 2-13　单击“登录”按钮

步骤 05 进入抖音账号登录页面的“扫码授权”选项卡，如图2-14所示。

图 2-14　抖音账号登录页面的“扫码授权”选项卡

步骤 06 打开手机上的抖音App，用手机扫描“扫码授权”选项卡中的二维码，在手机上同意授权。如果即梦AI“首页”页面的右上方显示账号头像，就说明账号登录成功了，如图2-15所示。

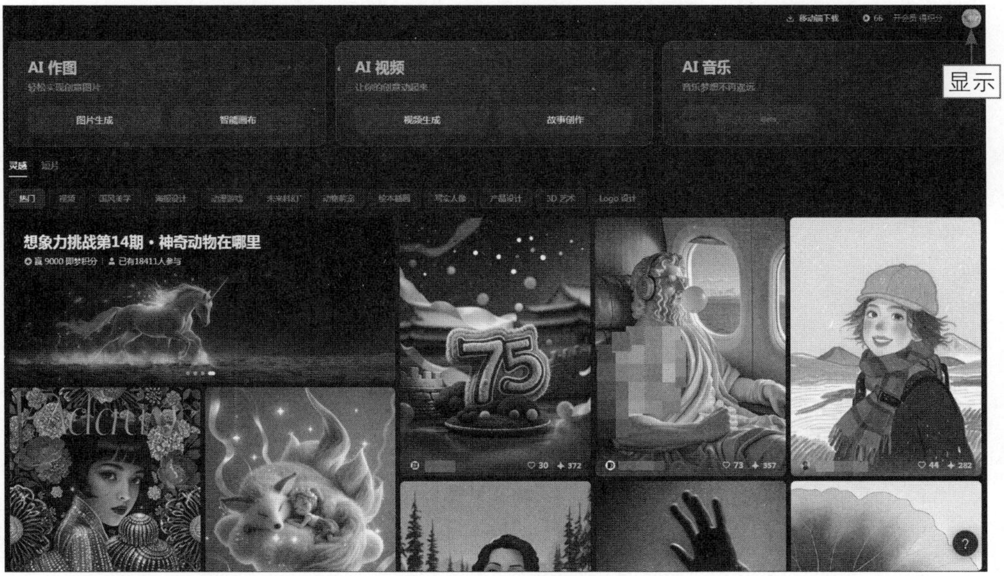

图 2-15　账号登录成功

2.1.3　了解即梦AI的核心功能

即梦AI的核心功能主要包括图片生成、智能画布、视频生成、故事创作。此外，即梦AI还提供了一些辅助功能，比如图片参数设置、做同款提示模板、图片变超清、局部重绘和画面扩图等，这些功能共

扫码看视频

同为创作者提供了一个一站式的AI创作平台，旨在降低创作者的创作门槛，激发无限创意。下面以图解的方式介绍即梦AI的4个核心功能，如图2-16所示。

图片生成 → 在即梦AI平台中，用户可以通过输入提示词来生成AI图片，支持导入参考图及选择生图模型，生成符合用户需求的图片。该平台支持使用中文提示词生成AI作品，这对国内用户来说是一个显著优势，因为它能够更准确地理解和生成中文描述的内容

智能画布 → 即梦AI的“智能画布”功能是一个创新的工具，它允许用户对现有的图片进行编辑和AI重绘，实现二次创作。用户可以对图片进行扩展，增加图片的尺寸，而不丢失图片的质量，即梦AI还允许用户对图片进行局部重绘操作，用户可以自行决定修改区域和风格

视频生成 → 在即梦AI平台中，文本生视频和图片生视频是两种基于AI技术的视频生成技术，它们允许用户以不同的方式创作视频内容，这两种技术都依赖先进的AI技术，如深度学习和机器学习等。制作的AI视频可以用于广告、社交媒体、教育等多种应用场景

故事创作 → 即梦的“故事创作”模式支持一站式生成故事分镜、镜头组织管理、编辑等功能。用户可以轻松地将零碎的素材拼凑成创意故事并进行高效创作，同时提供了本地上传、生图、生视频等多种素材上传功能，极大地增强了AI视频的创意和表现力

图2-16　即梦AI的4个核心功能

2.2　即梦AI手机版的短视频制作技巧

借助即梦AI手机版，创作者不仅可以使用文字和图片制作短视频，还可以将制作完成的短视频发布至即梦平台中，本节就来讲解具体的操作技巧。

2.2.1　使用文字生成短视频

【效果展示】利用即梦AI手机版的“文本生视频”功能可以瞬间将文字创意转化为生动的视频。该功能独树一帜，通过智能解析文字内容，自动匹配场景、配乐与动画效果，让抽象的思维跃然于屏上，效果如图2-17所示。

扫码看视频

图 2-17　即梦 AI 手机版的文生视频效果

下面介绍在即梦AI手机版中使用文字生成短视频的具体操作步骤。

步骤 01 打开即梦AI App，进入“想象”界面，点击按钮，如图2-18所示，展开相应的面板。

步骤 02 根据要生成的内容点击对应的按钮，如点击“视频生成”按钮，如图2-19所示。

图 2-18　点击按钮

图 2-19　点击“视频生成”按钮

步骤03 执行操作后，在输入框中输入提示词，如图2-20所示，对要生成的视频内容进行描述。

步骤04 ❶点击按钮；❷在弹出的面板中设置视频的生成信息；❸点击✦按钮，如图2-21所示，进行短视频的生成。

步骤05 执行操作后，即梦AI即可根据用户输入的提示词和设置的信息，生成一条短视频，如图2-22所示。

图 2-20　输入提示词

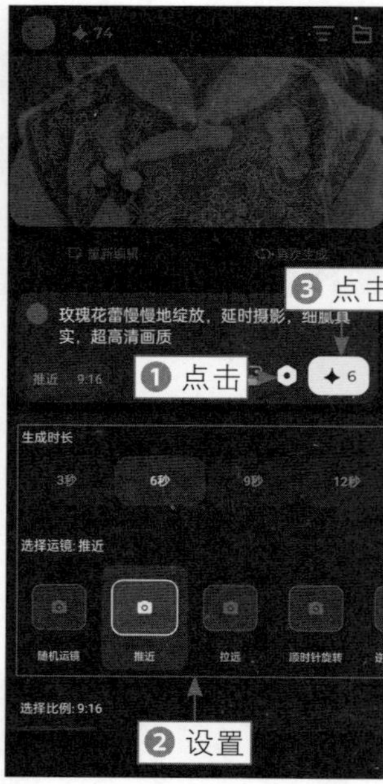

图 2-21　点击✦按钮

图 2-22　生成一条短视频

2.2.2　使用图片生成短视频

【效果展示】利用即梦AI手机版的“图片生视频”功能可以将静态的瞬间转化为动态的故事。其特点在于智能识别图片序列，自动添加流畅过渡与动感效果，让图片动起来，效果如图2-23所示。

扫码看视频

下面介绍在即梦AI手机版中使用图片生成短视频的具体操作步骤。

步骤01 进入即梦AI App的“想象”界面，点击按钮，在展开的面板中，点击“视频生成”按钮，确定内容的生成类别。点击输入框下方的按钮，如图2-24所示，进行图片素材的上传。

步骤02 弹出“选择项目”对话框，在该对话框中选择需要上传的图片素材，如图2-25所示。

图 2-23　即梦 AI 手机版的图生视频效果

步骤 03 进入“选择项目”界面，预览所选的图片素材，点击确认按钮，如图2-26所示，确定将所选的图片素材上传。

图 2-24　点击按钮

图 2-25　选择需要上传的图片素材

图 2-26　点击确认按钮

步骤 04 图片素材上传成功后，❶在输入框中输入提示词；❷点击按钮，如图2-27所示，展开视频生成信息的设置面板。

步骤 05 ❶在弹出的面板中设置视频的生成信息；❷点击✦按钮，如图2-28所示，进行短视频的生成。

步骤 06 执行操作后，即可根据上传的图片素材、输入的提示词和设置的信息，生成一条短视频，如图2-29所示。

图 2-27　点击按钮

图 2-28　点击✦按钮

图 2-29　生成一条短视频

2.2.3 发布短视频作品

在即梦AI App中生成满意的短视频作品之后，用户可以将其发布至即梦AI平台，具体操作步骤如下。

扫码看视频

步骤 01 生成一条短视频之后，点击该短视频的封面，如图2-30所示，即可对短视频进行发布、下载等操作。

步骤 02 进入短视频的预览界面，点击“发布作品”按钮，如图2-31所示，进行短视频的发布。

步骤 03 弹出“创作者协议”面板，点击“同意”按钮，如图2-32所示，同意协议内容。

步骤 04 进入“发布”界面，❶输入作品名称；❷点击“发布作品”按钮，如图2-33所示，确定发布该短视频。

图 2-30　点击短视频的封面

图 2-31　点击“发布作品”按钮

图 2-32　点击“同意”按钮

步骤 05 进入个人主页界面的“发布”选项卡，即可看到刚刚发布的短视频，如果用户要查看短视频的相关信息，可以点击对应的短视频封面，如图2-34所示。

步骤 06 执行操作后，即可预览短视频，并查看短视频的相关信息，如图2-35所示。

图 2-33　点击“发布作品”按钮

图 2-34　点击对应的短视频封面

图 2-35　预览并查看短视频内容

2.3 即梦 AI 网页版的短视频制作技巧

除了即梦AI App，创作者还可以使用即梦AI网页版制作短视频。本节就以使用文字生成短视频、使用图片生成短视频和重新生成短视频为例，讲解具体的操作技巧。

2.3.1 使用文字生成短视频

【效果展示】即梦AI网页版的"文本生视频"功能凭借其卓越的自然语言理解力，将抽象的文字描述精准地转化为生动具体的视频场景，无须烦琐拍摄与剪辑，即可实现创意可视化。其优点在于高效快捷、创意无限，无论是情感故事、产品展示还是知识普及，都能以视频的形式触动人心，极大地拓宽了内容创作与传播的边界，效果如图2-36所示。

扫码看视频

图 2-36 使用"文本生视频"功能制作的短视频效果

下面介绍在即梦AI网页版中使用文字生成短视频的具体操作步骤。

步骤 01 进入即梦AI的"首页"页面，在"AI视频"选项区中，单击"视频生成”按钮，如图2-37所示。

图 2-37　单击“视频生成”按钮

步骤 02 执行操作后，进入“视频生成”页面，在“文本生视频”选项卡中输入相应的提示词，如图2-38所示，用于指导AI生成特定的短视频。

步骤 03 ❶设置“生成时长”和“视频比例”等信息；❷单击“生成视频”按钮，如图2-39所示，进行短视频的生成。

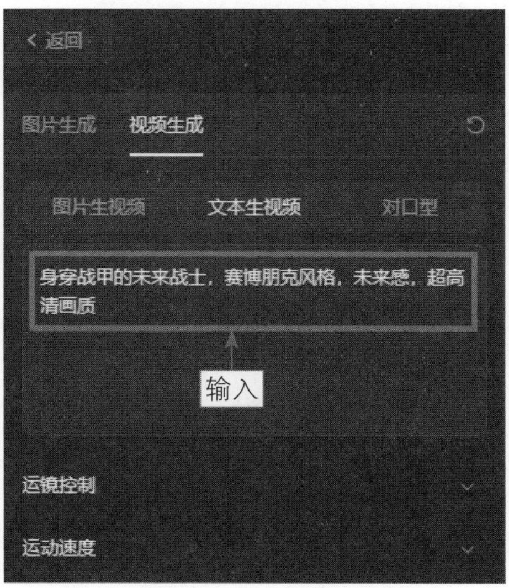

图 2-38　输入相应的提示词

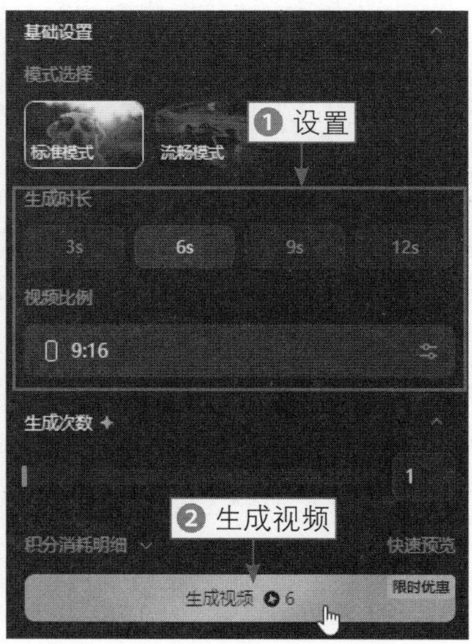

图 2-39　单击“生成视频”按钮

步骤 04 执行操作后，即梦AI即可根据输入的提示词和设置的信息，生成一条相关的短视频，如图2-40所示。

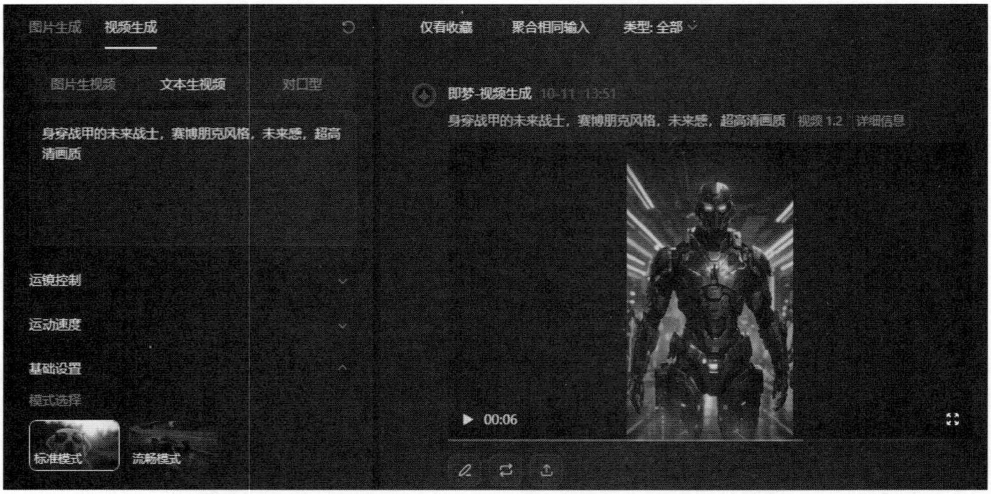

图 2-40　生成一条相关的短视频

2.3.2　使用图片生成短视频

【效果展示】即梦AI的“图片生视频”功能，能够瞬间赋予静态图像生命。其优点在于，无须复杂的拍摄，仅凭一两张图片即可自动生成高质量的视频，既节省了时间与成本，又激发了无限的创意可能，是视觉表达领域的革命性突破，效果如图2-41所示。

扫码看视频

图 2-41　使用“图片生视频”功能制作的短视频效果

下面介绍在即梦AI网页版中使用图片生成短视频的具体操作步骤。

步骤 01 进入即梦AI的“视频生成”页面，在“图片生视频”选项卡中单击“上传图片”按钮，如图2-42所示。

步骤 02 弹出“打开”对话框，❶在该对话框中选择相应的参考图；❷单击“打开”按钮，如图2-43所示，上传参考图。

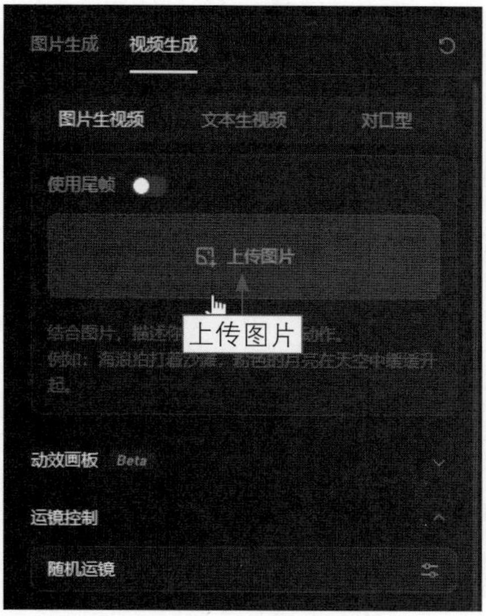

图 2-42　单击“上传图片”按钮

图 2-43　单击“打开”按钮

步骤 03 返回“图片生视频”选项卡，如果显示刚刚选择的图片，就说明参考图上传成功了，输入相关的提示词，如图2-44所示，用于指导AI生成特定的视频。

步骤 04 ❶对生成视频的基础信息进行设置；❷单击“生成视频”按钮，如图2-45所示，进行短视频的生成。

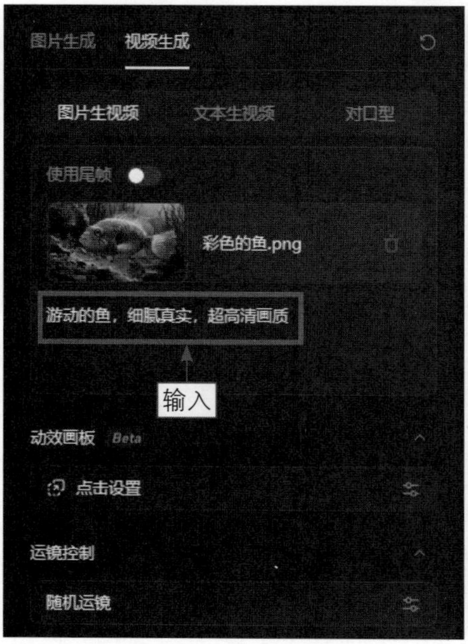

图 2-44　输入相关的提示词

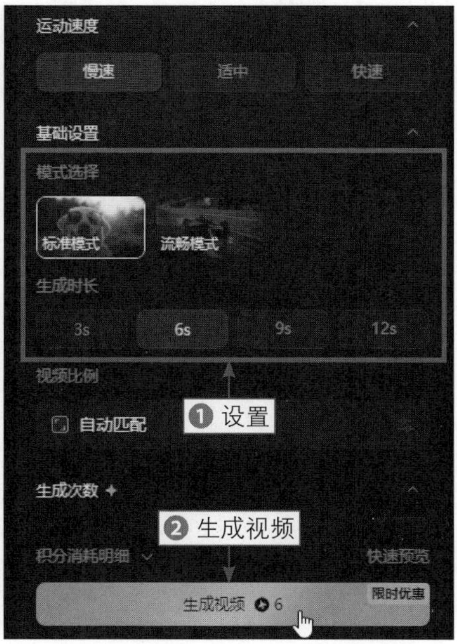

图 2-45　单击“生成视频”按钮

步骤 05 执行操作后，即梦AI即可根据用户上传的参考图、输入的提示词和设置的信息，生成一条相关的短视频，如图2-46所示。

图 2-46 生成一条相关的短视频

2.3.3 重新生成一条短视频

【效果展示】借助即梦AI网页版，创作者可以直接使用某条短视频的生成信息，快速重新生成一条新的短视频，效果如图2-47所示。

扫码看视频

图 2-47 使用即梦 AI 网页版重新生成一条短视频的效果

下面介绍使用即梦AI网页版重新生成一条短视频的具体操作步骤。

步骤 01 进入即梦AI的“视频生成”页面，单击对应短视频下方的“再次生成需要消耗6积分”按钮，如图2-48所示。

图 2-48　单击“再次生成需要消耗 6 积分”按钮

步骤 02 执行操作后，即可使用相同的短视频生成信息，重新生成一条短视频，如图2-49所示。

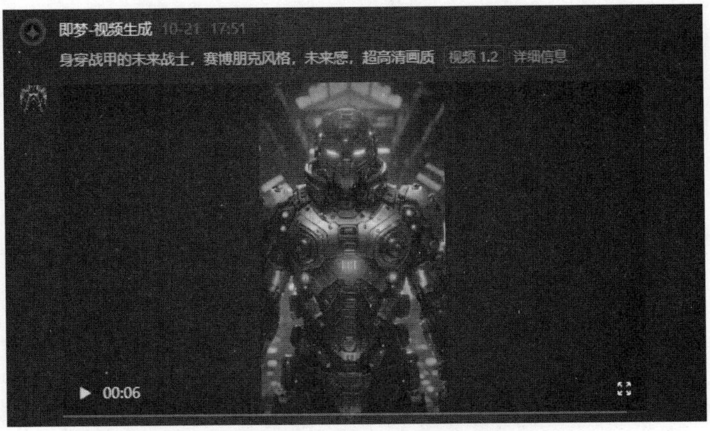

图 2-49　重新生成一条短视频

★ 专家提醒 ★

除了单击“再次生成需要消耗 6 积分”按钮，创作者还可以单击“重新编辑”按钮重新生成短视频。不同的是，前者会使用相同的生成信息重新生成一条短视频，而后者则可以先对生成信息进行编辑，再进行短视频的生成。

课后实训

【效果展示】即梦AI的“AI配乐”功能可以根据视频内容智能分析其情感、节奏与场景，自动生成与之高度契合的背景音乐，效果如图2-50所示。

扫码看视频

图 2-50　添加配乐后的短视频效果

下面介绍在即梦AI网页版中为短视频配乐的操作方法。

步骤 01 单击需要添加配乐的短视频下方的“AI配乐”按钮，如图2-51所示，启动“AI配乐”功能。

图 2-51　单击“AI 配乐”按钮

步骤 02 弹出“AI配乐”面板，❶选中“根据画面配乐”单选按钮；❷单击“生成AI配乐”按钮，如图2-52所示，为短视频配乐。

图 2-52　单击“生成 AI 配乐”按钮

步骤 03 稍等片刻，即可生成3种配乐效果，并查看配乐1的短视频效果，如图2-53所示。如果创作者要查看其他的配乐效果，只需单击对应的配乐按钮即可。

图 2-53　查看配乐 1 的短视频效果

★ 专 家 提 醒 ★

如果创作者对系统生成的 3 个配乐效果都不满意，可以单击“AI 配乐”按钮，再次对短视频进行 AI 配乐。

第 3 章　快影 AI：简单易上手的短视频软件

快影App是一款简单易上手的短视频软件，借助该软件的AI功能，创作者可以快速生成各种短视频。本章将为大家介绍快影的基础知识和相关的短视频创作技巧，帮助大家快速制作出想要的短视频效果。

3.1　快速认识快影

在使用快影App的相关功能生成短视频之前，创作者可以先了解快影的相关知识，为后续的工作打好基础。例如，创作者可以了解下载与安装快影App的方法，以及快影App的常用功能。

3.1.1　快影App的下载与安装

创作者可以在手机的软件商店中进行搜索，并将快影App下载、安装至手机中，具体操作步骤如下。

扫码看视频

步骤 01 进入手机软件商店的“首页”界面，点击搜索框，如图3-1所示。

步骤 02 ❶在搜索框中输入“快影”进行搜索；❷点击“快影”右侧的“安装”按钮，如图3-2所示，进行快影App的安装。

步骤 03 App下载安装完成后，“安装”按钮会变成“打开”按钮，点击“打开”按钮，如图3-3所示。

图 3-1　点击界面上方的搜索框

图 3-2　点击“安装”按钮

图 3-3　点击“打开”按钮

步骤 04 进入快影App，会弹出“用户协议及隐私政策”面板，点击该面板中的“同意并进入”按钮，如图3-4所示。

步骤 05 进入快影App的“剪辑”界面，点击界面中的“我的”按钮，如图3-5所示，进行界面的切换。

步骤 06 进入“我的”界面，❶选中相应的复选框；❷点击“使用快手登录”按钮，如图3-6所示，进行账号的登录。

图 3-4　点击“同意并进入”按钮

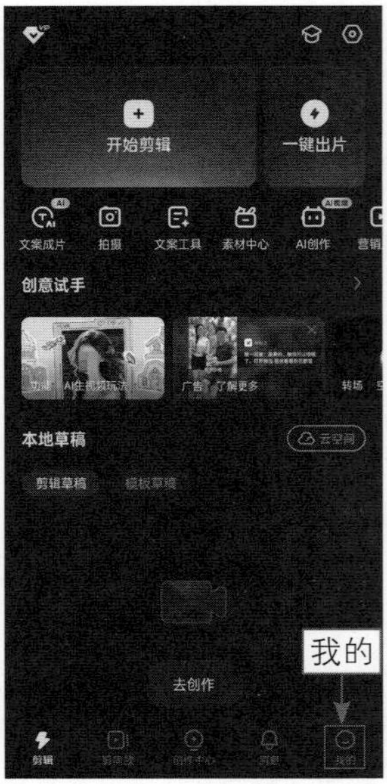

图 3-5　点击“我的”按钮

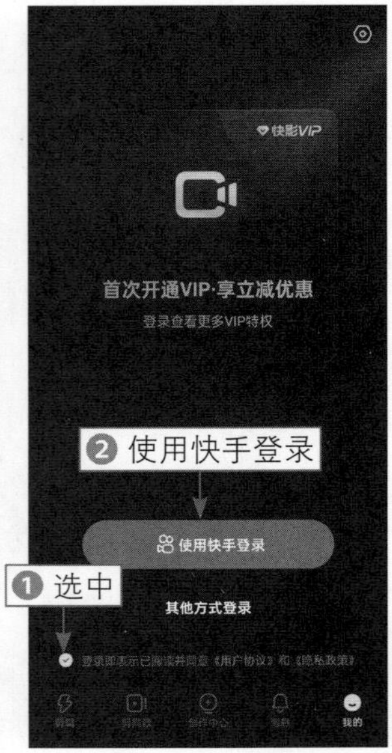

图3-6　点击“使用快手登录”按钮

步骤 07 在弹出的“‘快影’想要打开‘快手’”面板中，点击“打开”按钮，如图 3-7 所示。

步骤 08 跳转至快手 App 的相关界面，进行账号的登录。如果“我的”界面中显示账号的相关信息，就说明账号登录成功了，如图 3-8 所示。

图 3-7　点击“打开”按钮

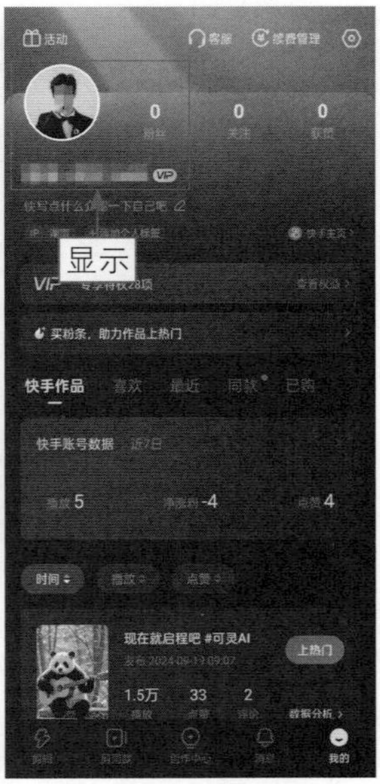

图 3-8　账号登录成功

3.1.2　了解快影App的核心功能

扫码看视频

快影App的核心功能主要集中在视频剪辑和创作上，包括视频剪辑、转场效果、滤镜和美颜、音乐和音效、字幕和贴纸，以及AI功能等，这些功能共同构成了快影App的核心竞争力，使其成为视频创作者喜爱的工具之一。下面对快影App的核心功能进行相关分析，如图3-9所示。

视频剪辑 → 快影提供了一系列剪辑工具，包括分割、裁剪、拼接、倒放、变速等，创作者可以通过这些工具对视频进行精确的编辑，如剪掉不需要的画面、调整视频速度、倒放视频片段等

转场效果 → 快影 App 中的转场效果是视频编辑的重要环节，它能够实现两个视频片段之间的平滑过渡，包括淡入淡出、旋转、缩放、滑动等转场特效，每种特效都能带来不同的视觉效果

滤镜和美颜 → 内置了 30 多款电影胶片级的精美滤镜，能够显著提升视频画质，营造不同风格的视觉效果。创作者可以根据视频内容和个人喜好选择合适的滤镜，增强视频的视觉效果

音乐和音效 → 快影 App 拥有庞大的音乐库，并提供了多种有趣的场景音效，用于烘托不同场景的气氛。特别是音乐 MV 功能，让创作者能够轻松制作与音乐相匹配的视频作品

字幕和贴纸 → 创作者可以为视频添加字幕，提供自动识别语音生成字幕的功能，也可以手动输入字幕进行编辑。内置丰富的贴纸资源，创作者可以为视频添加个性化的贴纸，增强视频的趣味性

AI 功能 → 快影提供了 AI 视频动漫、AI 文生图、AI 绘画等智能功能，利用人工智能技术辅助创作，降低了创作门槛，创作者可以通过这些 AI 功能轻松创作出独特的视频内容

创作中心 → 这是一个综合性的内容创作与灵感激发平台。在这里，创作者可以找到丰富的创作工具、素材库和灵感推荐，助力提升视频创作的效率，满足创作者多样化的创作需求

导出与分享 → 快影支持将编辑完成的视频以高清格式导出至创作者的本地相册，在导出视频后，快影提供了便捷的一键分享功能，极大地提升了视频的传播效率，与更多的人分享自己的创作成果

图 3-9　快影 App 的核心功能

3.2 常见的短视频创作技巧

快影App为创作者提供了多种常规的短视频创作功能，本节将选择其中比较常见的几种短视频创作方法，为大家讲解具体的操作技巧。

3.2.1 剪同款

扫码看视频

【效果展示】快影App的“剪同款”界面中为创作者提供了大量的模板，创作者可以从中选择合适的模板，制作出符合需要的AI短视频效果，如图3-10所示。

图 3-10 使用“剪同款”功能生成的短视频效果

在快影App中，创作者要想借助“剪同款”功能制作出类似的AI短视频效果，需要先选择同款模板，再对视频效果进行调整，下面介绍具体的操作方法。

步骤 01 打开快影App，❶点击“剪同款”按钮，进入“剪同款”界面；❷点击上方的搜索框，如图3-11所示。

步骤 02 ❶在搜索框中输入关键词；❷点击“搜索”按钮，如图3-12所示，进行模板的搜索。

步骤 03 搜索到相应的模板后，点击对应的模板，如图3-13所示。

步骤 04 进入模板预览界面，查看短视频模板的效果，点击“制作同款”按钮，如图3-14所示，进行同款的制作。

图3-11　点击搜索框

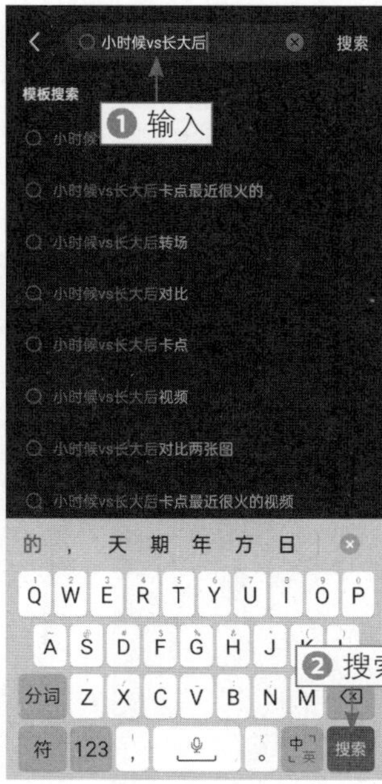

图3-12　点击“搜索”按钮

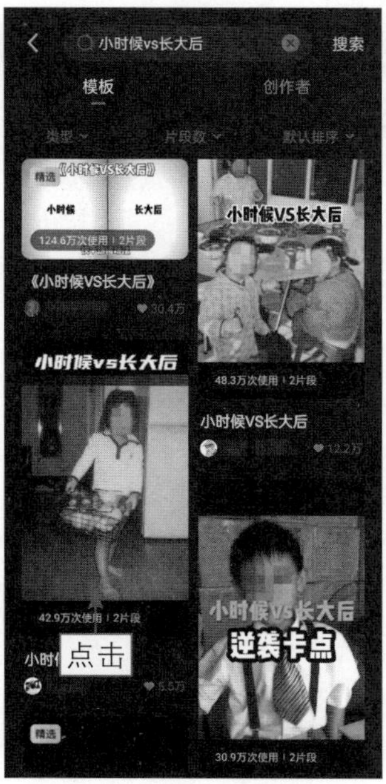

图3-13　点击对应的模板

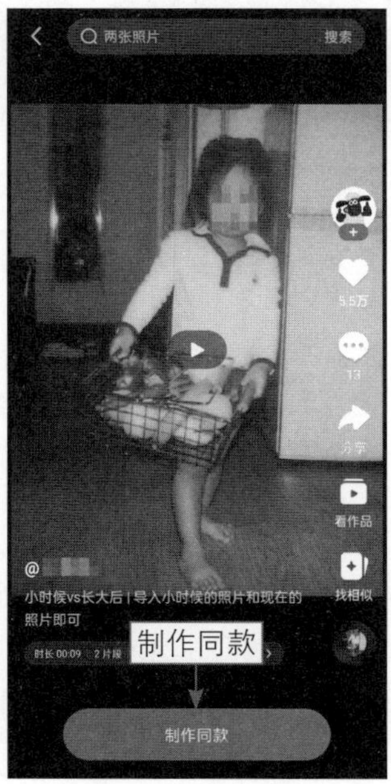

图3-14　点击“制作同款”按钮

步骤 05 进入“相册”界面，❶在该界面中选择需要上传的图片素材；❷点击“选好了”按钮，如图3-15所示。

步骤06 执行操作后，即可使用上传的素材制作同款短视频，并预览制作的短视频效果。短视频制作完成后，点击“做好了”按钮，如图3-16所示。

步骤07 弹出“导出选项”面板，点击该面板中的“无水印导出并分享”按钮，如图3-17所示，即可导出制作完成的同款视频。

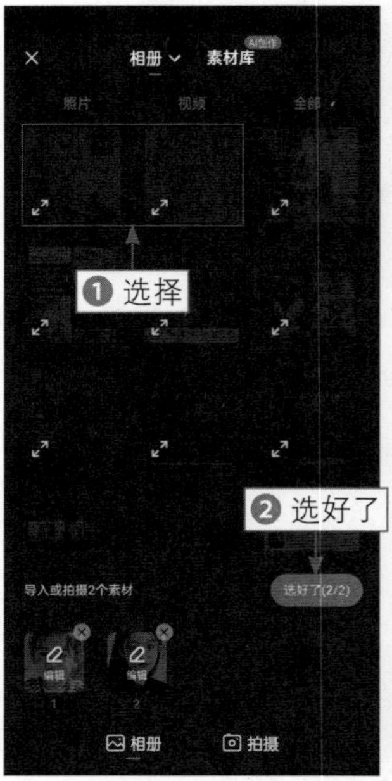

图 3-15　点击“选好了”按钮

图 3-16　点击“做好了”按钮

图 3-17　点击“无水印导出并分享”按钮

★ 专 家 提 醒 ★

除了点击“无水印导出并分享”按钮，创作者还可以通过点击按钮导出短视频。不过，点击按钮导出短视频后，短视频中会保留快影 App 的水印。

3.2.2　文案成片

【效果展示】“文案成片”是快影App的一种文生视频功能，借助该功能，创作者只需输入自己准备的文案，或输入平台准备的文案，即可生成情感语录、AI口播、小说转动漫和知识科普类的短视频。图3-18所示为使用“文案成片”功能制作的AI口播短视频效果。

扫码看视频

下面介绍使用“文案成片”功能生成AI口播短视频的具体操作步骤。

步骤01 进入快影App的“剪辑”界面，点击“文案成片”按钮，如图3-19所示，启用“文案成片”功能。

图 3-18　使用“文案成片”功能制作的 AI 口播短视频效果

步骤 02 进入“文案成片”界面，点击“AI口播”按钮，如图3-20所示，进行AI口播短视频的制作。

图 3-19　点击“文案成片”按钮

图 3-20　点击“AI 口播”按钮

步骤 03 进入“AI口播”界面，❶在输入框中输入文案内容；❷点击“生成视频”按钮，如图3-21所示，进行短视频的生成。

步骤 04 执行操作后，即可生成“贴心小羽”的AI口播短视频，创作者可以点击对应按钮进行数字人的切换，如点击“温柔小忆”按钮，如图3-22所示。

步骤 05 在弹出的面板中，选择“确认切换”选项，如图3-23所示，进行数字人的切换。

步骤 06 执行操作后，即可完成数字人的切换，点击“编辑音色”按钮，如图3-24所示，对数字人的音色进行调整。

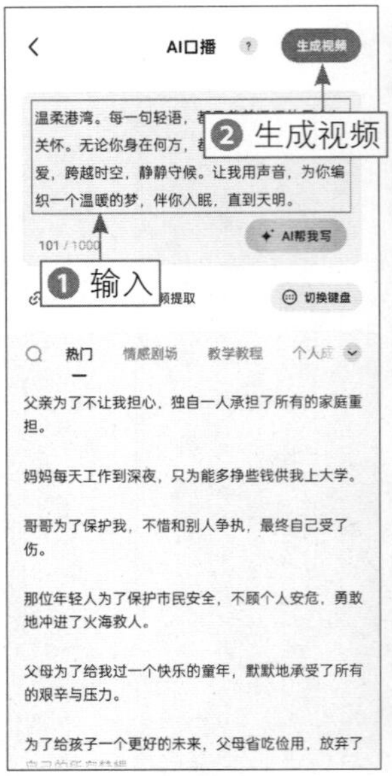

图3-21 点击“生成视频”按钮

图3-22 点击“温柔小忆”按钮

图3-23 选择“确认切换”选项

图3-24 点击“编辑音色”按钮

步骤07 弹出“编辑音色”面板，❶在该面板中编辑数字人的音色信息；❷点击确认按钮✓，如图3-25所示，完成数字人音色信息的编辑。

步骤08 返回短视频编辑界面，即可完成数字人音色的调整，点击“背景”按钮，如图3-26所示，进行选项卡的切换。

步骤09 切换至“背景”选项卡，点击对应的背景按钮，如图3-27所示，即可进行背景图的更换。

步骤10 执行操作后，即可完成背景图的调整，点击“文字”按钮，如图3-28所示，再次进行选项卡的切换。

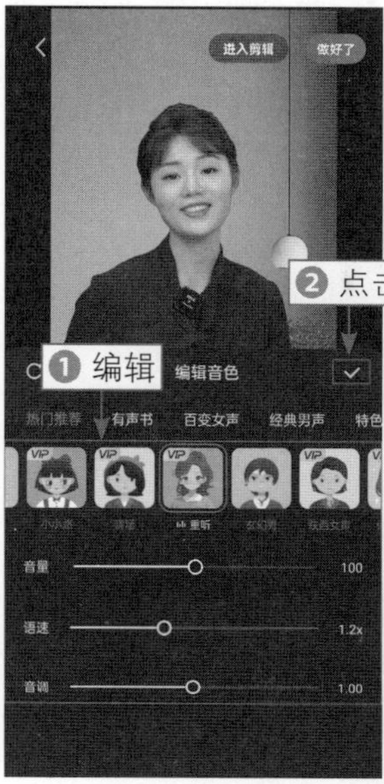

图 3-25　点击✓按钮

图 3-26　点击“背景”按钮

图 3-27　点击对应的背景按钮

图 3-28　点击“文字”按钮

步骤11 切换至“文字”选项卡，❶选中画面中的文字，并将其拖曳至合适的位置；❷点击对应花字效果的按钮，如图3-29所示，进行文字效果的设置。

步骤 12 短视频制作完成后，只需点击“做好了”按钮，如图3-30所示，将短视频效果保存至手机相册中即可。

图 3-29　点击对应花字效果的按钮

图 3-30　点击“做好了”按钮

3.2.3　一键出片

扫码看视频

【效果展示】快影App的“一键出片”功能类似于剪映App的“一键成片”功能，都是上传素材之后，让App根据素材来生成AI短视频。使用“一键出片”功能制作的短视频效果，如图3-31所示。

下面介绍在快影App中使用“一键出片”功能制作短视频效果的操作方法。

步骤 01 进入快影App的“剪辑”界面，点击“一键出片”按钮，如图3-32所示，启用“一键出片”功能。

步骤 02 进入“相册”界面，❶在该界面中选择需要上传的图片

图 3-31　使用“一键出片”功能生成的短视频效果

素材；❷点击“一键出片”按钮，如图3-33所示。

步骤03 稍等片刻，即可将所选的视频素材导入快影App中，并使用“一键出片”功能生成一条短视频，如图3-34所示。

图 3-32　点击“一键出片”按钮（1）

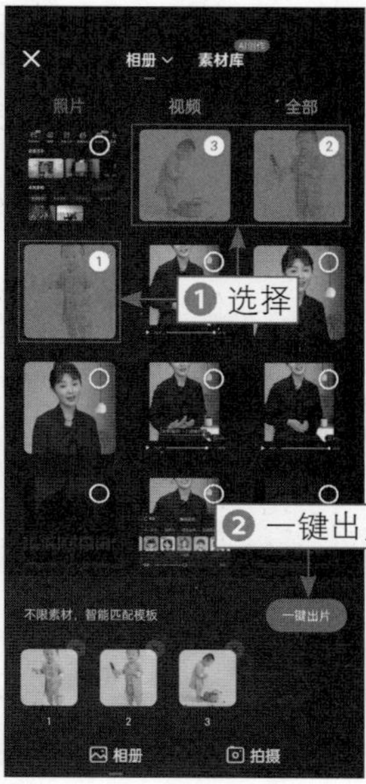

图 3-33　点击“一键出片”按钮（2）

图 3-34　生成一条短视频

★ 专 家 提 醒 ★

在使用“一键出片”功能生成短视频时，如果使用的是图片素材，最好上传3张以上的图片。如果图片素材太少，短视频中可能会出现画面内容重复的情况。

步骤04 在短视频预览界面中，选择合适的视频模板，即可使用所选的模板重新生成一条短视频。有时候，模板中原有的文字信息可能与视频内容不相符，此时需要点击“文字”按钮，如图3-35所示，对文字信息进行调整。

步骤05 切换至“文字”选项卡，双击需要调整的文字信息对应的按钮，如图3-36所示。

步骤06 在弹出的快捷菜单中，点击“编辑文字”按钮，如图3-37所示，进行文字信息的编辑。

步骤07 ❶在输入框中输入文字信息；❷点击✓按钮，如图3-38所示，完成文字信息的调整。

步骤08 短视频制作完成后，只需点击“做好了”按钮，如图3-39所示，将短视频效果保存至手机相册中即可。

图 3-35　点击“文字”按钮

图 3-36　双击对应的按钮

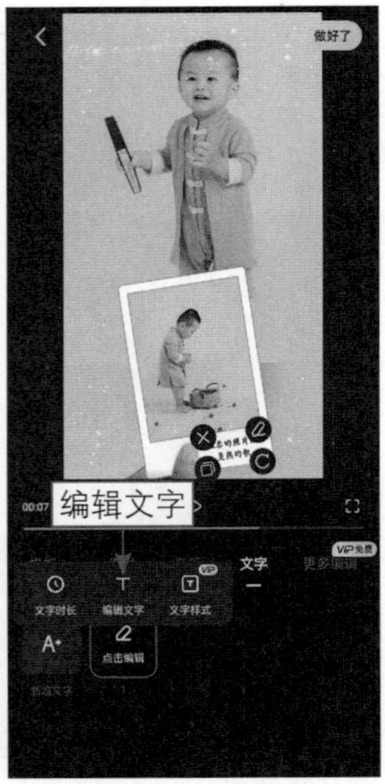

图 3-37　点击“编辑文字”按钮

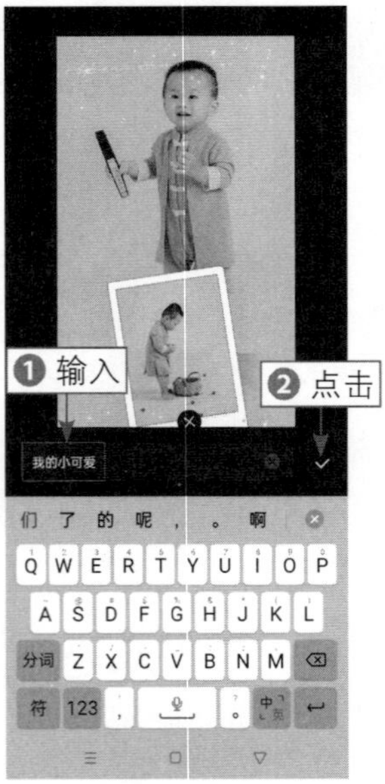

图 3-38　点击✓按钮

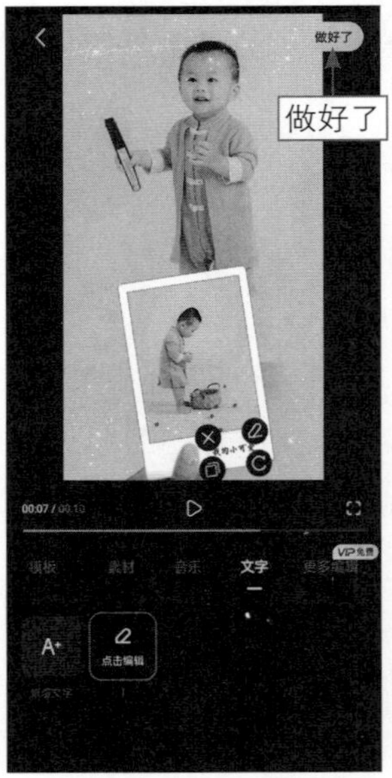

图 3-39　点击“做好了”按钮

★ 专 家 提 醒 ★

除了这一节讲到的 3 种方法，创作者还可以借助其他方法，进行常规短视频的制作。例如，借助“营销成片”功能，可以制作商品的宣传短视频；借助“音乐 MV（Music Video）”功能，可以制作音乐类的短视频；借助“游戏大片”功能，可以制作游戏集锦类的短视频。

3.3　AI短视频创作技巧

快影App中为创作者提供了一个“AI创作”板块，借助该板块的相关功能，创作者可以快速制作出各种具有创意的AI短视频。本节就以AI变装、AI动漫、AI幻术和AI瞬息宇宙为例，为大家讲解AI短视频的创作技巧。

3.3.1　AI变装

扫码看视频

【效果展示】“AI变装”玩法就是上传图片之后，对图片中的人物进行变装处理，并生成一条相关的视频，效果如图3-40所示。

图3-40　使用“AI变装”玩法生成的短视频效果

下面介绍使用“AI变装”玩法生成短视频的具体操作技巧。

步骤01 打开快影App，点击“AI创作”按钮，进入对应的界面，点击“AI变装”板块中的“立即体验”按钮，如图3-41所示，启用“AI变装”功能。

步骤02 进入“相机胶卷”界面，在该界面中选择一张图片，如图3-42所示，进行图片素材的上传。

步骤03 执行操作后，即可进入“AI变装”界面，使用上传的图片生成变装视频。如果创作者对变装效果不满意，可以点击“继续变装”按钮，如图3-43所示，对变装效果进行调整。

图 3-41　点击“立即体验”按钮

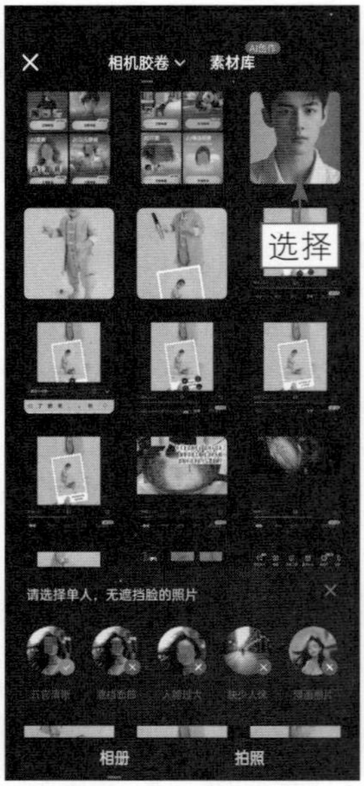

图 3-42　选择一张图片

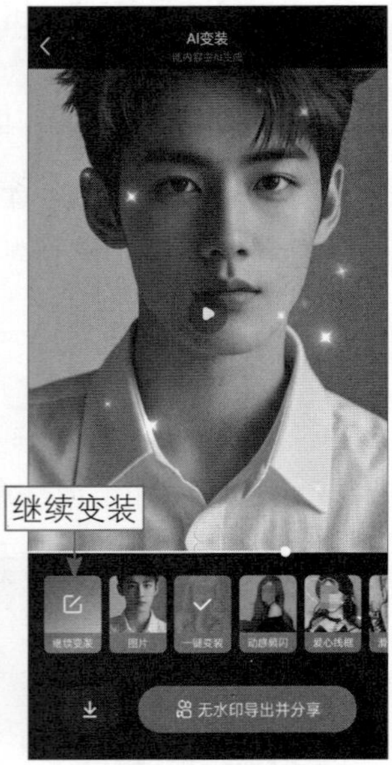

图3-43　点击“继续变装”按钮（1）

步骤04 弹出AI变装的设置面板，❶在输入框中输入提示词，调整人物的发色；❷点击“重新生成”按钮，如图3-44所示，使用调整后的发色重新生成视频。

步骤05 执行操作后，即可查看调整发色后的视频效果。如果创作者还要调整其他变装内容，可以点击“继续变装”按钮，如图3-45所示。

步骤06 进入AI变装设置面板的“变发色”选项卡，点击“变服装”按钮，如图3-46所示，进行选项卡的切换。

步骤07 切换至“变服装”选项卡，❶在该选项卡的输入框中输入提示词，调整人物的服装；❷点击“重新生成”按钮，如图 3-47 所示，使用调整后的服装重新生成视频。

图 3-44　点击“重新生成”按钮（1）

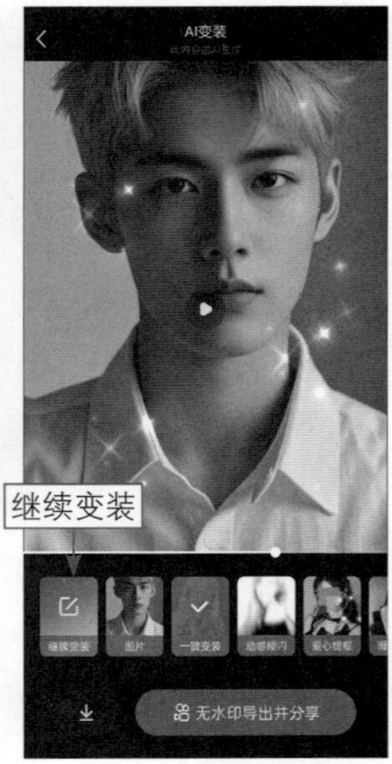

图 3-45　点击“继续变装”按钮（2）

步骤 08 执行操作后，即可查看调整服装后的视频效果，滑动"AI变装"界面下方面板中的变装模式按钮，点击对应的按钮，如点击"滑动解锁"按钮，如图3-48所示，更换视频的转场效果。

步骤 09 执行操作后，即可使用对应的视频转场效果，生成新的 AI 变装视频，如图 3-49 所示。

步骤 10 如果创作者对AI变装视频比较满意，可以点击"无水印导出并分享"按钮，如图3-50所示，将AI变装视频保存至手机相册中。

图 3-46　点击"变服装"按钮

图 3-47　点击"重新生成"按钮（2）

图 3-48　点击"滑动解锁"按钮

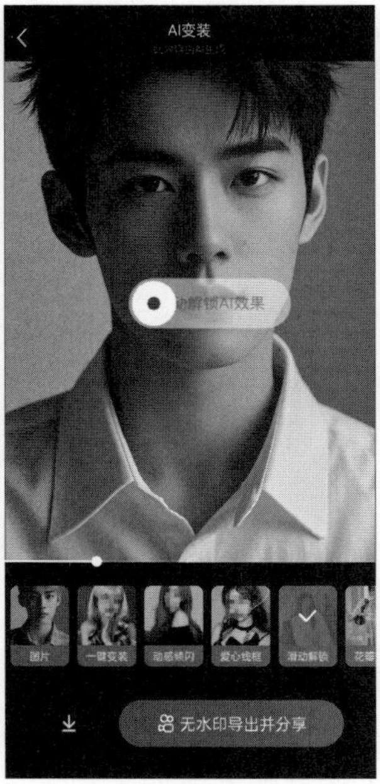

图 3-49　生成新的 AI 变装视频

图 3-50　点击"无水印导出并分享"按钮

★ 专家提醒 ★

快影 App 的“AI 变装”功能虽然能对发色、服装和场景进行调整，但是每次只能调整一项信息。因此，如果创作者需要对照片中的多项信息进行调整，需要在每次调整信息之后生成视频，再在此基础上进一步进行调整，直至所有的信息都调整完毕。

3.3.2 AI动漫

扫码看视频

【效果展示】使用“AI动漫”玩法，创作者可以将视频内容变成动漫风格，效果如图3-51所示。

图 3-51 使用“AI 动漫”玩法生成的短视频效果

下面介绍使用“AI动漫”玩法生成短视频的具体操作技巧。

步骤 01 打开快影App，进入“AI创作”界面，点击“AI动漫”板块中的“立即体验”按钮，如图3-52所示，启用“AI动漫”功能。

步骤 02 弹出生成AI动漫视频的提示面板，点击“生成10秒动漫视频”按钮，如图3-53所示，进行AI动漫视频的生成。

步骤 03 进入“相册”界面，如图3-54所示，创作者需要在该界面中选择一条短视频素材。

图 3-52 点击“立即体验”按钮

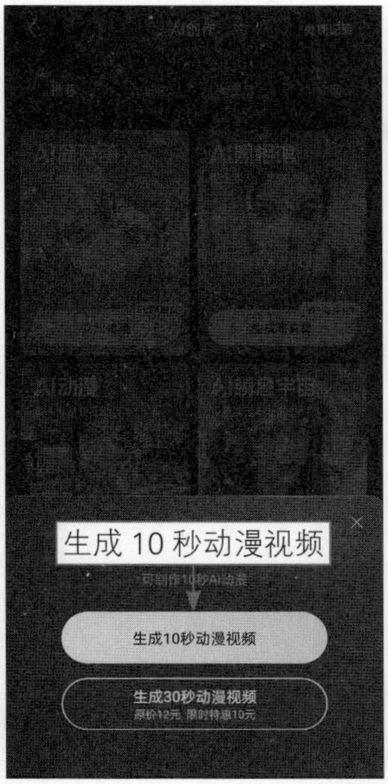

图 3-53 点击“生成 10 秒动漫视频”按钮

图 3-54 进入“相册”界面

步骤 04 ❶短视频素材选择完成后；❷点击“选好了”按钮，如图3-55所示，进行视频素材的上传。

步骤 05 进入视频素材的调整界面，根据自身需求对视频素材进行调整，点击“确定”按钮，如图3-56所示，完成素材的调整。

步骤 06 执行操作后，跳转至“处理记录”界面的“AI动漫”选项卡，该选项卡中会显示短视频的生成进度，如图3-57所示。

步骤 07 如果该选项卡中显示对应视频的相关信息，就说明视频生成成功了。点击对应视频封面

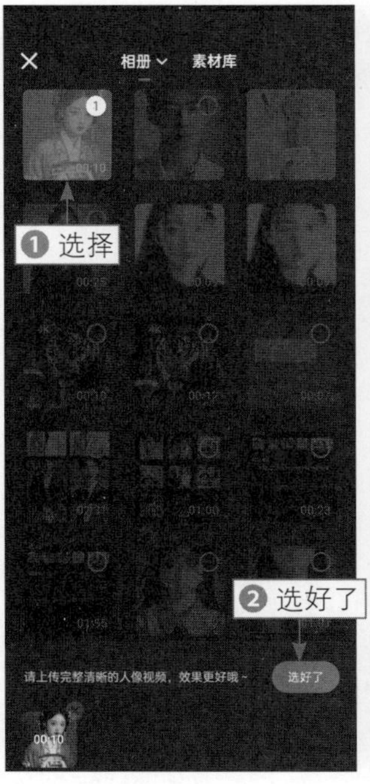

图 3-55 点击“选好了”按钮

图 3-56 点击“确定”按钮

右侧的“预览”按钮，如图3-58所示，预览短视频的效果。

图 3-57　显示短视频的生成进度

图 3-58　点击“预览”按钮

步骤 08 进入视频预览界面，即可查看“云朵变身”模式下的动漫视频效果，如果创作者要调整视频效果，可以点击对应模式按钮，如点击“AI动漫”按钮，如图3-59所示。

步骤 09 执行操作后，即可使用对应的模式，生成一条新视频，如图3-60所示。

图 3-59　点击“AI 动漫”按钮

图 3-60　生成一条新视频

3.3.3 AI幻术

扫码看视频

【效果展示】"AI幻术"是快影App的一种AI玩法，借助该玩法，创作者只需输入提示词，即可生成相关的视频。这个视频就像是带有幻术一样，让画面中出现对应的文字信息，如图3-61所示。

图 3-61　使用"AI 幻术"玩法生成的短视频效果

下面介绍使用"AI幻术"玩法生成短视频的具体操作技巧。

步骤 01 打开快影App，进入"AI创作"界面，点击"AI幻术"板块中的"查看详情"按钮，如图3-62所示，查看"AI幻术"的相关信息。

步骤 02 进入"AI幻术"界面，点击"热门模板"按钮，如图3-63所示，查看AI幻术的热门模板。

步骤 03 找到合适的模板，点击该模板下方的"剪同款"按钮，如图3-64所示，使用该模板制作同款短视频。

图 3-62　点击"查看详情"按钮

图 3-63　点击"热门模板"按钮

步骤04 进入短视频模板的预览界面，点击“一键改字，制作同款”按钮，如图3-65所示，进行同款短视频的制作。

步骤05 弹出“关键词”面板，❶在输入框中输入对应的提示词；❷点击“生成”按钮，如图3-66所示，进行AI幻术短视频的生成。

步骤06 执行操作后，即可使用系统的默认风格生成一条短视频，根据自身需求点击对应视频风格按钮，如点击“印象霓虹”按钮，如图3-67所示，进行短视频效果的调整。

步骤07 随后，即可生成“印象霓虹”风格的短视频，如图3-68所示。

图3-64 点击“剪同款”按钮

图3-65 点击“一键改字，制作同款”按钮

图3-66 点击“生成”按钮

图3-67 点击“印象霓虹”按钮

图3-68 生成“印象霓虹”风格的短视频

★ 专家提醒 ★

截至写稿时为止，快影 App 的部分功能和玩法还不够完善，以至于有的短视频效果可能不是很好。例如，在使用“AI 幻术”玩法生成短视频时，短视频的清晰度还有待提高。对此，创作者可以使用剪映电脑版等软件提高短视频的清晰度，提升短视频的效果。

3.3.4　AI瞬息宇宙

【效果展示】使用“AI瞬息宇宙”玩法，创作者只需上传图片素材，即可生成许多极具创意的图片，并将这些图片组合成一条短视频，效果如图3-69所示。

扫码看视频

图 3-69　使用“AI 瞬息宇宙”玩法生成的短视频效果

下面介绍使用“AI瞬息宇宙”玩法生成短视频的具体操作技巧。

步骤 01 打开快影App，进入“AI创作”界面，点击“AI瞬息宇宙”板块中的“导入图片变身”按钮，如图3-70所示，启用“AI瞬息宇宙”功能。

步骤 02 执行操作后，进入“相机胶卷”界面，❶在“相机胶卷”界面中选择一张图片；❷点击“选好了”按钮，如图3-71所示，进行图片素材的上传。

步骤 03 执行操作后，即可使用“分屏次元”模式生成视频。如果创作者要调整视频效果，可以点击对应模式按钮，如点击“3D瞬息”按钮，如图3-72所示。

步骤 04 执行操作后，即可使用对应的模式，生成一条新的短视频，如图3-73所示。

图 3-70　点击“导入图片变身”按钮

图 3-71　点击“选好了”按钮

图 3-72　点击“3D 瞬息”按钮

图 3-73　生成一条新的短视频

★ 专 家 提 醒 ★

除了“AI变装”“AI动漫”“AI幻术”“AI瞬息宇宙”，快影App还为创作者提供了“AI视频卡点”“AI舞王”“AI情感视频”“AI次元穿越”等短视频生成功能，创作者可以选择对应的功能生成所需的短视频。

课后实训

【效果展示】使用“AI次元穿越”玩法，并上传图片素材，可以让快影App帮忙生成跨次元效果的视频，如图3-74所示。

扫码看视频

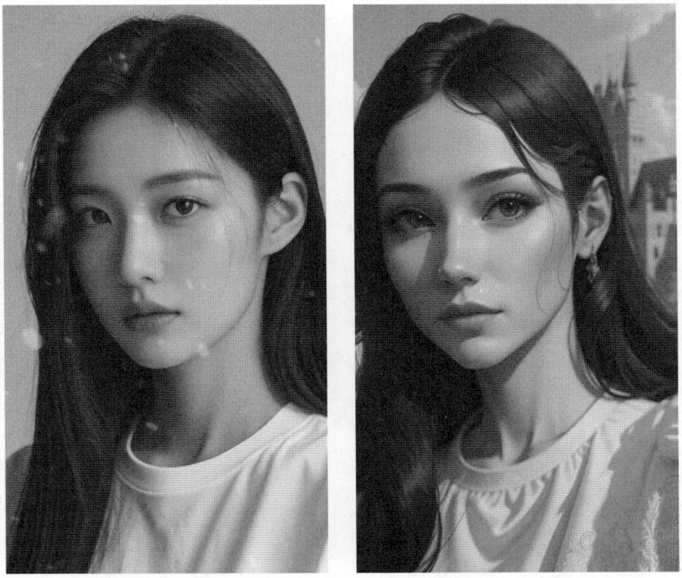

图 3-74　使用“AI 次元穿越”玩法生成的短视频效果

下面介绍使用“AI次元穿越”玩法生成短视频的具体操作技巧。

步骤 01 打开快影App，进入“AI创作”界面，点击“AI次元穿越”板块中的“立即体验”按钮，如图3-75所示，启用“AI次元穿越”功能。

步骤 02 进入“相册”界面，在该界面中选择一张图片，如图3-76所示，进行图片素材的上传。

步骤 03 执行操作后，会跳转至“处理记录”界面的

图 3-75　点击“立即体验”按钮

图 3-76　选择一张图片

“AI次元穿越”选项卡，并进行视频的生成。如果该选项卡中显示对应视频的相关信息，就说明视频生成成功了。如果创作者要查看或调整视频效果，可以点击对应视频封面右侧的“预览”按钮，如图3-77所示。

步骤 04 进入视频预览界面，即可查看“爱心光斑”模式下的视频效果。如果创作者要调整视频效果，可以点击对应模式按钮，如点击“圆圈光斑”按钮，如图3-78所示。

步骤 05 执行操作后，即可使用对应的模式，生成一条新的短视频，效果如图3-79所示。

图 3-77　点击“预览”按钮

图 3-78　点击“圆圈光斑”按钮

图 3-79　生成一条新的短视频

第 4 章　可灵 AI：解锁智能创作的新境界

可灵AI是快手自研的视频生成大模型，能够高效地生成高质量的视频，解锁智能创作的新境界。借助可灵AI，创作者可以点燃自己的AI想象力，快速制作出高质量的视频。本章将带领大家认识可灵AI，帮助大家快速创作出高质量的视频。

4.1 快速认识可灵 AI

很多人是因为看到可灵AI生成的视频效果之后，主动成为可灵AI平台创作者的。他们更多的是对AI短视频的制作比较感兴趣，而对于可灵AI的了解却是比较有限的。本节将为大家讲解可灵AI的基础知识，让大家对可灵AI有一个初步的认识，为可灵AI的使用做好准备。

4.1.1 可灵AI网页版账号的登录

扫码看视频

创作者要使用可灵AI网页版，需要先查看并进入可灵AI平台的官网，然后进行账号的登录，下面讲解具体的操作步骤。

步骤 01 ❶在浏览器（如百度浏览器）中输入“可灵AI”；❷单击“百度一下”按钮，如图4-1所示，进行网站的搜索。

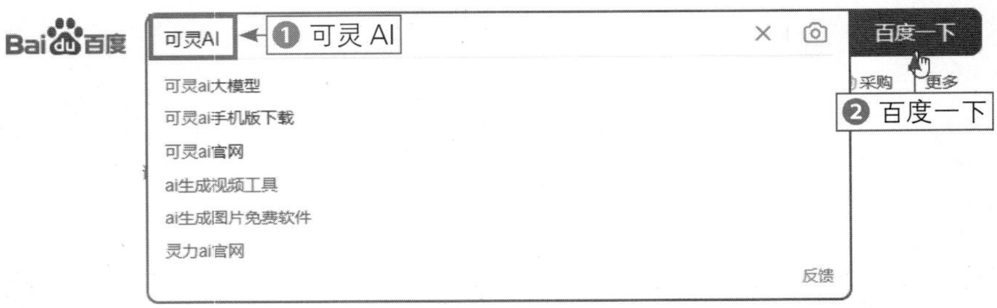

图 4-1 单击“百度一下”按钮

步骤 02 执行操作后，百度会根据用户输入的内容进行搜索，单击搜索结果中可灵AI官网对应的链接，如图4-2所示。

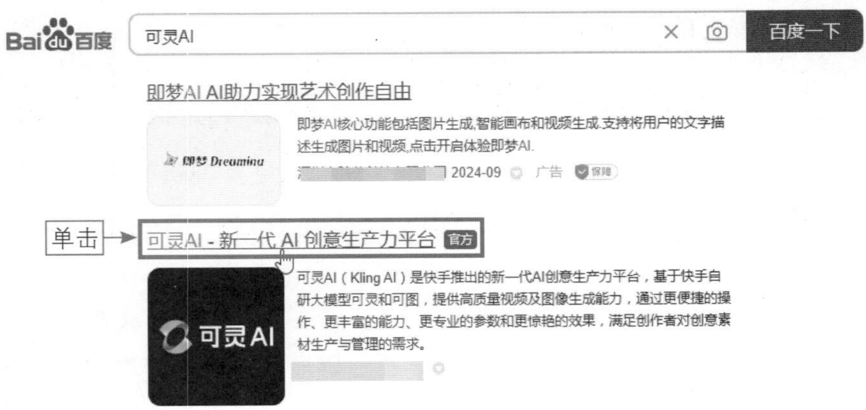

图 4-2 单击可灵 AI 的官网链接

步骤 03 进入可灵AI平台的“首页”页面，单击页面右上方的“登录”按钮，如图4-3所示，进行账号的登录。

图 4-3　单击“登录”按钮

步骤 04 弹出“欢迎登录”对话框，在该对话框中可以通过手机或扫码进行登录。以手机登录为例，❶创作者只需输入手机号码和验证码；❷单击“立即创作”按钮，如图4-4所示，即可登录可灵AI账号。

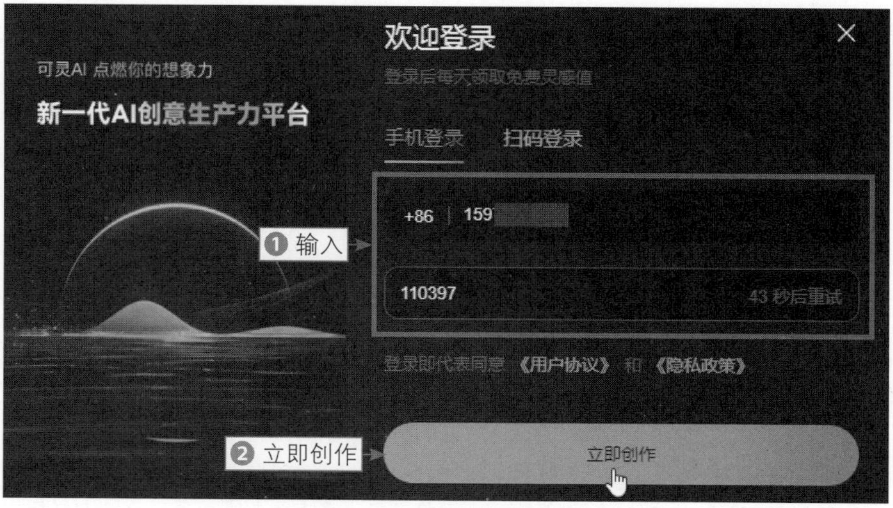

图 4-4　单击“立即创作”按钮

★ 专 家 提 醒 ★

可灵 AI 手机版可以在快影 App 中使用，第 3 章中已经对安装和登录快影 App 的方法进行了讲解，这里就不再赘述了。

4.1.2　了解可灵AI的核心功能

扫码看视频

可灵AI的核心功能主要有5种，即“文生图”“图生图”“文生视频”“图生视频”“视频续写”。本节就来分别进行具体的讲解，帮助创作者快速了解可灵AI的主要功能。

1.“文生图”功能

“文生图”就是通过输入文本信息（即提示词）来生成相关的AI图片。具体来说，进入可灵AI平台的“AI图片”页面之后，创作者只需在输入框中输入文本信息，对图片的生成比例和生成数量进行设置，并单击“立即生成”按钮，即可生成对应的AI图片。

在可灵AI中生成图片或视频，都是需要花费灵感值（可灵AI中的虚拟流通货币，可以通过每日赠送、购买会员和充值购买获得）的。在直接使用文本信息生成图片时，每生成一张图片只需要花费0.20灵感值，如图4-5所示。

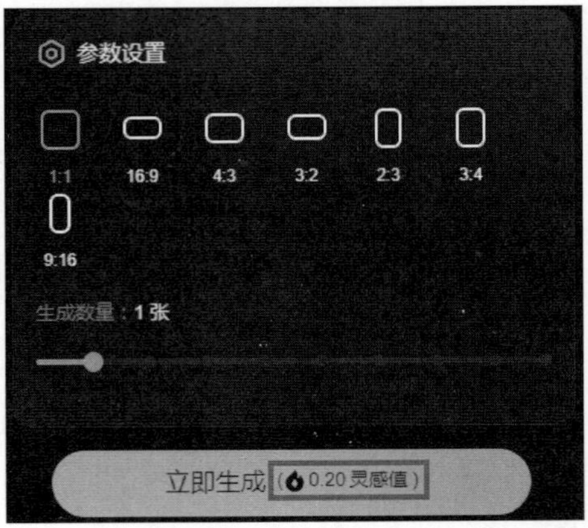

图 4-5　可灵 AI 使用文本信息生成一张图需要消耗的灵感值

2.“图生图”功能

“图生图”就是将事先准备好的图片上传至可灵AI中，让可灵AI参考上传的图片，生成相关的AI图片。具体来说，创作者进入可灵AI的“AI图片”页面之后，上传参考图，并在输入框中输入文本信息，对图片的生成比例和生成数量进行设置，并单击“立即生成”按钮，即可生成对应的AI图片。

在使用参考图生成图片时，每生成一张图片只需花费0.30灵感值。相比于“文生图”，“图生图”生成图片消耗的灵感值要多一些，但是“图生图”生成的AI图片效果往往更可控。

★ 专家提醒 ★

在使用“图生图”功能生成 AI 图片时，创作者不仅要上传参考图，还要输入提示词，描述图片内容。如果没有输入提示词，那么“立即生成”按钮将不会亮起，也就是说，此时将无法进行 AI 图片的生成。

3.“文生视频”功能

“文生视频”就是通过输入文本信息来生成相关的AI视频。具体来说，创作者进入可灵AI手机版和网页版的“文生视频”页面（或界面）之后，只需在输入框中输入文本信息，对视频的生成信息进行设置，并单击“立即生成”按钮，即可生成对应的AI视频。

使用“文生视频”功能生成的视频可以分为两种，即“标准”模式的视频和“高品质”模式的视频。其中，生成“标准”模式的视频速度更快，而“高品质”模式视频的画面质量更好。另外，生成这两种视频消耗的灵感值也有所不同。

4.“图生视频”功能

“图生视频”就是将事先准备好的图片上传至可灵平台中，让可灵平台参考上传的图片，生成相关的AI视频。具体来说，创作者进入可灵AI手机版和网页版的“图生视频”页面（或界面）之后，只需上传图片素材，对视频的生成信息进行设置，并单击“立即生成”按钮，即可生成对应的AI视频。

使用“图生视频”功能同样可以生成“标准”模式的视频和“高品质”模式的视频，并且消耗的灵感值和“文生视频”是一样的。

5.“视频续写”功能

“视频续写”就是在原有视频的基础上，对视频进行延长，使视频的内容得以延续。在可灵AI手机版和网页版中都可以对视频进行续写，续写内容消耗的灵感值与原视频的类型相关。如果原视频是“标准”模式的视频，那么续写一次视频需要消耗10个灵感值；如果原视频是“高品质”模式的视频，那么续写一次视频需要消耗35个灵感值。

利用可灵的“视频续写”功能，每次可以将视频延长4.5秒。截至2024年10月，通过多次延长操作，创作者在可灵AI中可以制作的视频长度已达到了3分钟左右。创作者可以根据自身需求，对视频进行多次续写，将短视频变为中视频。

4.2　可灵 AI 手机版的短视频制作技巧

可灵AI和快影携手推出了“AI生视频”功能，借助该功能，创作者可以在手机端进行AI短视频的制作。本节就来讲解可灵AI手机版的短视频制作技巧，帮助大家制作出具有创意的AI短视频。

4.2.1　使用文字生成短视频

扫码看视频

【效果展示】可灵AI手机版具有文生视频功能，创作者可以在快影App“可灵×快影AI视频”界面的“文生视频”选项卡中输入提示词，来生成相关的AI视频。图4-6所示为可灵AI手机版的文生视频效果。

图 4-6　可灵 AI 手机版的文生视频效果

下面介绍在可灵AI手机版中使用文字生成短视频的具体操作步骤。

步骤 01 进入快影App的“AI创作”界面，点击该界面“AI生视频”板块中的“生成视频”按钮，如图4-7所示，启用可灵AI的“AI生视频”功能。

步骤 02 进入“可灵×快影AI生视频”界面的“文生视频”选项卡，点击“文字描述”板块下方的输入框，在输入框中输入提示词，如图4-8所示，对要生成的短视频内容进行描述。

步骤 03 滑动界面，❶设置视频质量、时长和比例信息；❷点击“生成视频”按钮，如图4-9所示，进行短视频的生成。

图 4-7　点击“生成视频”按钮

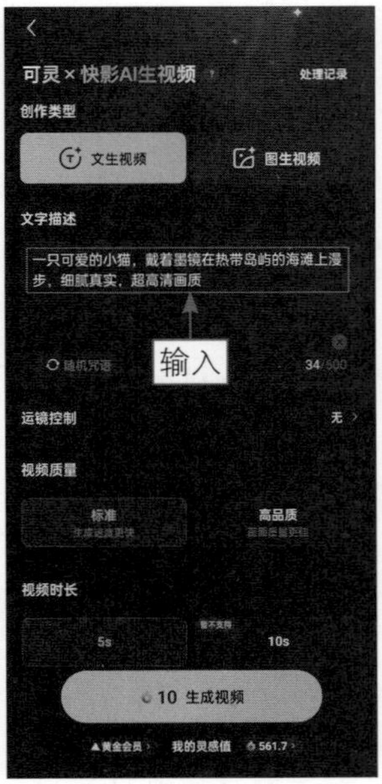

图 4-8　在输入框中输入提示词

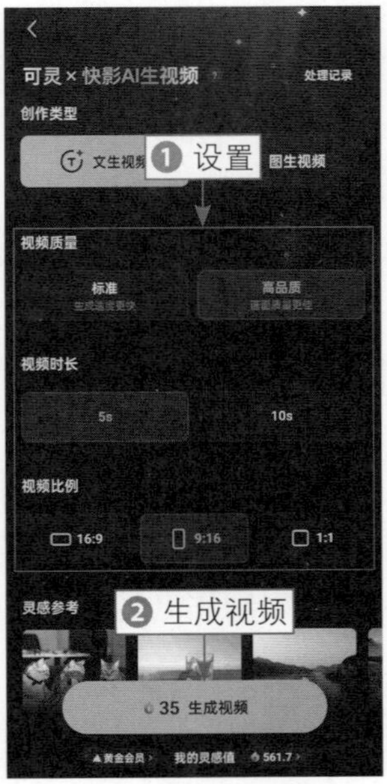

图 4-9　点击“生成视频”按钮

步骤04 执行操作后，界面左上方会显示“处理中：1”，如图4-10所示。

步骤05 如果“处理中：1”变成“处理记录”，就说明短视频生成成功了。点击“处理记录”按钮，如图4-11所示，即可查看生成的短视频效果。

步骤06 执行操作后，跳转至“处理记录”界面。如果界面中出现对应的视频信息，就说明视频生成成功了。点击视频封面右侧的“预览”按钮，如图4-12所示，即可预览视频的效果。

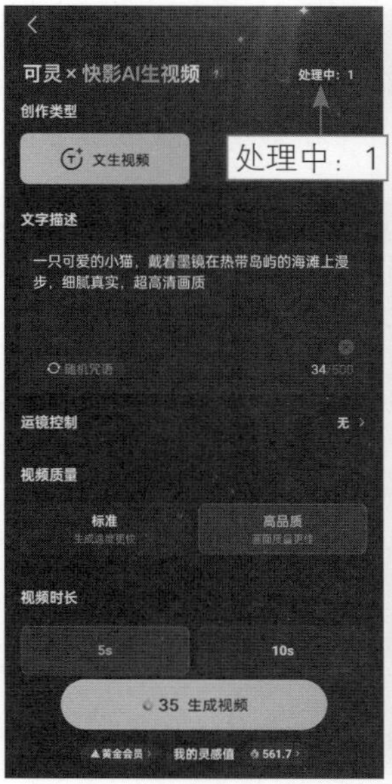

图4-10　显示“处理中：1”

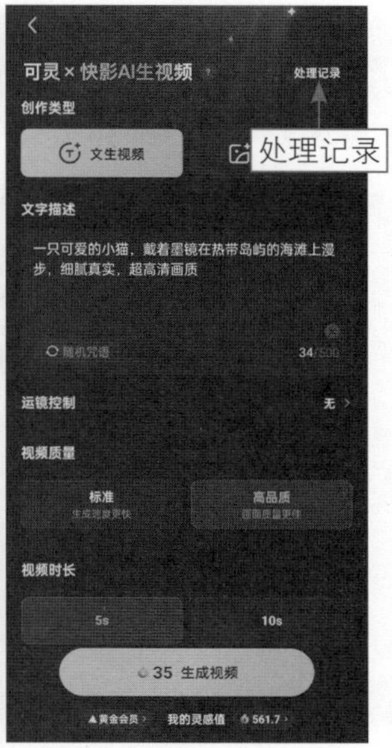

图4-11　点击“处理记录”按钮

步骤07 进入“AI生视频”界面，即可查看视频的效果，如图4-13所示。

步骤08 如果创作者对生成的效果比较满意，可以点击按钮，如图4-14所示，将视频下载至手机相册中。

图4-12　点击“预览”按钮

图4-13　查看视频的效果

图4-14　点击按钮

★ 专 家 提 醒 ★

可灵AI手机版和网页版生成的视频都是没有任何声音的，因此，为了提升视频的整体效果，创作者通常需要通过剪辑软件给可灵AI生成的视频添加合适的背景音乐。

4.2.2 使用图片生成短视频

【效果展示】图生视频，实际上就是将上传的图片信息转化为动态的视频。借助可灵AI手机版，创作者只需将事先准备好的图片上传，并进行相关的设置，即可快速生成一条短视频，效果如图4-15所示。

扫码看视频

图4-15 可灵AI手机版的图生视频效果

下面介绍在可灵AI手机版中使用图片生成短视频的具体操作步骤。

步骤01 打开快影App，进入“可灵×快影AI视频”界面的“文生视频”选项卡，点击“图生视频”按钮，如图4-16所示，进行选项卡的切换。

步骤02 切换至“图生视频”选项卡，点击“添加图片”按钮，如图4-17所示，进行图片素材的上传。

步骤03 弹出“添加图片”面板，选择面板中的“相册图片”选项，如图4-18所示，选择图片的添加方式。

步骤04 进入“相册”界面，选择需要上传的图片，如图4-19所示。

步骤05 执行操作后，如果“图文描述”选项区域显示刚刚选择的图片素材，就说明图片素材上传成功了，如图4-20所示。

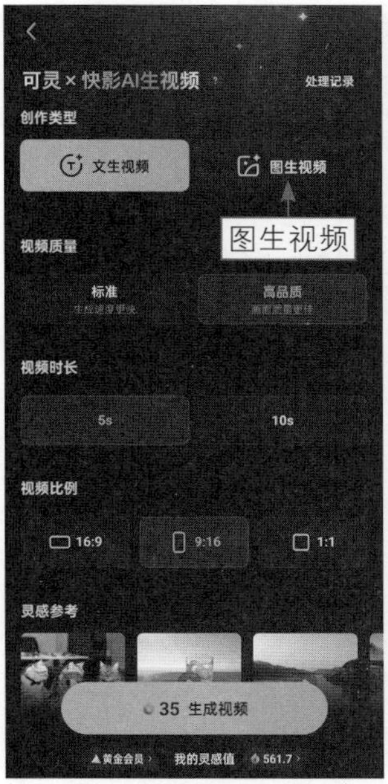

图 4-16　点击“图生视频”按钮

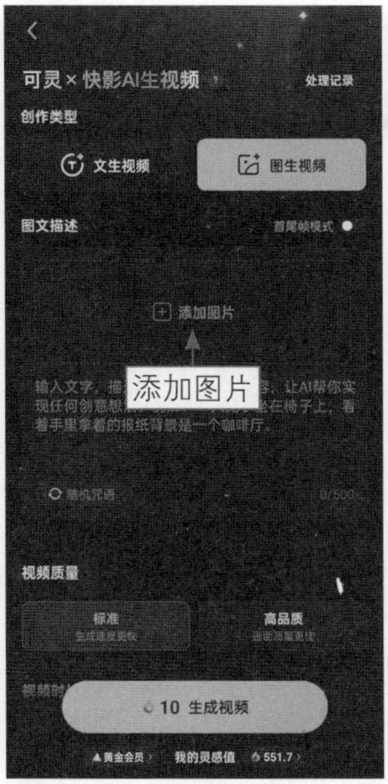

图 4-17　点击“添加图片”按钮

图 4-18　选择“相册图片”选项

步骤 06 在“图文描述”选项区域的输入框中，❶输入提示词；❷设置“视频质量”和“视频时长”；❸点击“生成视频”按钮，如图4-21所示，进行视频的生成。

图 4-19　选择需要上传的图片

图 4-20　图片素材上传成功

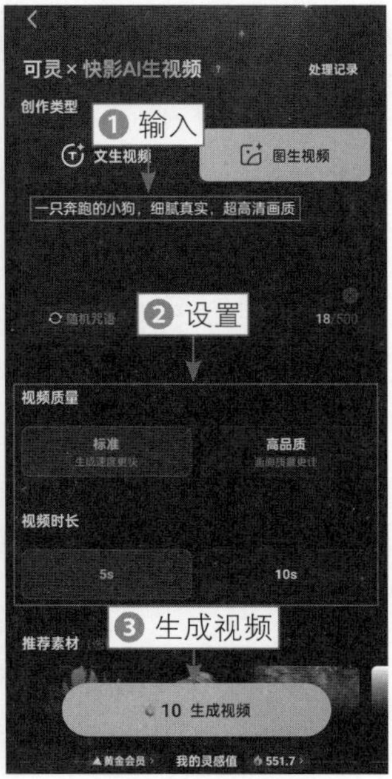

图 4-21　点击“生成视频”按钮

步骤07 短视频生成成功后，点击“处理记录”按钮，如图4-22所示，查看生成的短视频效果。

步骤08 执行操作后，会跳转至“处理记录”界面的“AI生视频”选项卡，点击对应视频封面右侧的“预览”按钮，如图4-23所示，即可预览该视频。

步骤09 进入“AI生视频”界面，视频效果如图4-24所示。

图4-22　点击“处理记录”按钮

图4-23　点击“预览”按钮

图4-24　预览视频效果

4.2.3　对短视频进行延长

【效果展示】使用快影App的可灵AI生成一条短视频之后，创作者只需单击“延长视频”按钮，并根据提示进行简单的操作，即可对短视频进行延长，效果如图4-25所示。

扫码看视频

下面介绍在可灵AI手机版中延长短视频的具体操作步骤。

步骤01 进入对应短视频的“AI生视频”界面，点击“延长视频”按钮，如图4-26所示，进行短视频的延长。

步骤02 在弹出的“延长视频”面板中，点击“10确认延长”按钮，如图4-27所示，确认延长视频。

步骤03 执行操作后，如果“处理记录”界面中出现一条新的短视频，就说明短视频延长成功了，如图4-28所示。此时，只需点击“处理记录”界面中对应视频封面右侧的“预览”按钮，即可进入视频预览界面，查看延长的短视频效果。

图 4-25　使用可灵 AI 手机版延长短视频的效果

图 4-26　点击“延长视频”按钮

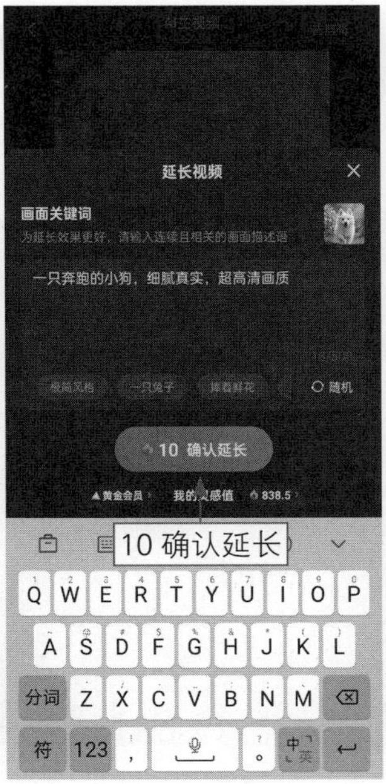

图 4-27　点击“10 确认延长”按钮

图 4-28　短视频延长成功

4.3 可灵AI网页版的短视频制作技巧

可灵AI网页版提供了短视频制作相关功能，借助这些功能，创作者可以快速制作出多种类型的短视频。本节就以使用文字生成短视频、使用图片生成短视频和对短视频进行延长为例，为大家讲解可灵AI网页版的短视频制作技巧。

4.3.1 使用文字生成短视频

【效果展示】创作者只需在可灵AI网页版“AI视频”页面的“文生视频”选项卡中，输入文字信息（即提示词），并设置相关信息，即可快速生成所需的短视频，效果如图4-29所示。

扫码看视频

图 4-29 在可灵 AI 网页版中使用文字生成的短视频效果

下面介绍在可灵AI网页版中使用文字生成短视频的具体操作步骤。

步骤 01 进入可灵AI网页版的“首页”页面，单击页面左侧导航栏中的“AI视频”按钮，如图4-30所示。

图 4-30 单击“AI 视频”按钮

步骤 02 进入“AI视频”页面的“文生视频”选项卡，在“创意描述”输入框中输入提示词，如图4-31所示，对视频内容进行描述。

步骤 03 滚动鼠标滚轮，❶设置生成视频的相关参数；❷单击“立即生成”按钮，如图4-32所示，进行短视频的生成。

图 4-31　在“创意描述”输入框中输入提示词

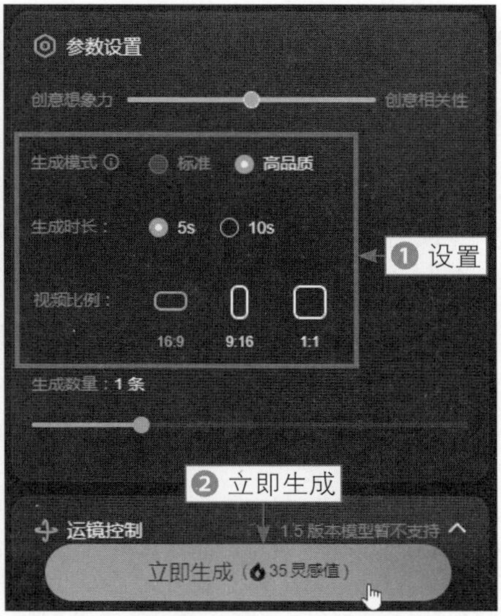

图 4-32　单击“立即生成”按钮

步骤 04 执行操作后，可灵AI即可根据用户输入的提示词和设置的参数信息，生成一条相关的短视频，如图4-33所示。

图 4-33　生成一条相关的短视频

4.3.2 使用图片生成短视频

扫码看视频

【效果展示】创作者在可灵AI网页版“AI视频”页面的“图生视频”选项卡中上传相应的参考图之后，根据自身需求设置生成信息，即可快速生成一条短视频，效果如图4-34所示。

图 4-34　使用可灵 AI 网页版通过图片生成的短视频效果

下面介绍在可灵AI网页版中使用图片生成短视频的具体操作步骤。

步骤 01 进入可灵AI网页版“AI视频”页面的“文生视频”选项卡，单击“图生视频”按钮，如图4-35所示，进行选项卡的切换。

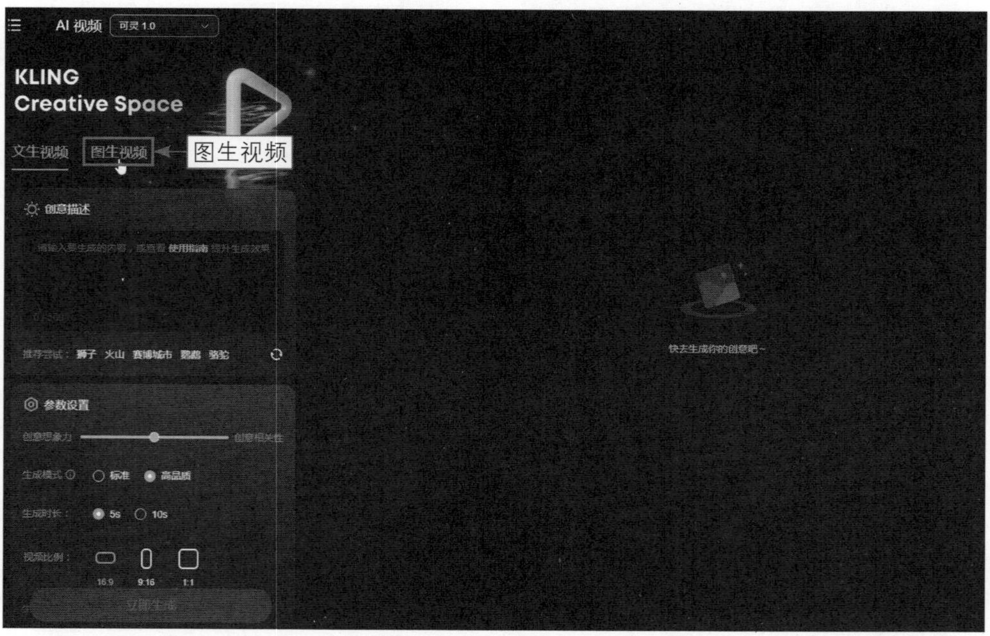

图 4-35　单击“图生视频”按钮

步骤 02 进入“图生视频”选项卡，单击“图片及创意描述”选项区域的“点击/拖拽/粘贴”按钮，如图4-36所示，选择图片素材的上传方式。

图 4-36　单击“点击 / 拖拽 / 粘贴”按钮

步骤 03 弹出“打开”对话框，❶在该对话框中选择要上传的图片素材；❷单击“打开”按钮，如图4-37所示，确定上传该图片素材。

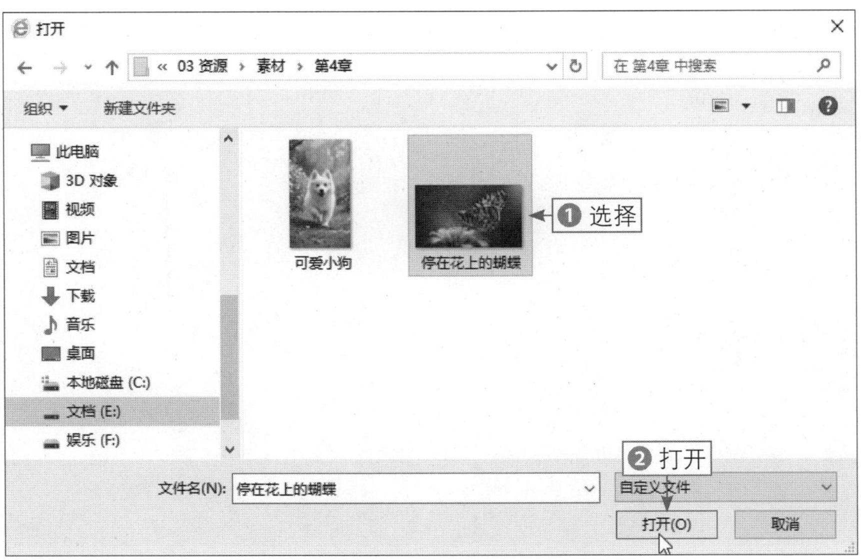

图 4-37　单击“打开”按钮

步骤04 执行操作后，如果在“图片及创意描述”选项区域显示刚刚选择的图片素材，就说明该图片素材上传成功了，在“图片创意描述”输入框中输入提示词，如图4-38所示，对视频内容进行描述。

步骤05 ❶在“图生视频”页面中设置视频的生成信息；❷单击“立即生成”按钮，如图4-39所示，进行视频的生成。

图 4-38　在“图片创意描述”输入框中输入提示词

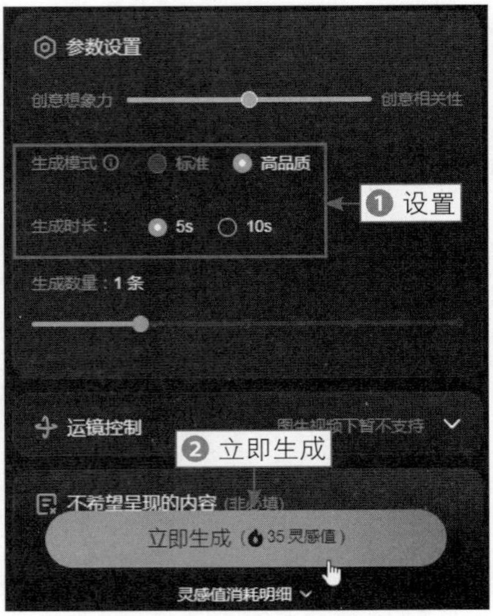

图 4-39　单击“立即生成”按钮

步骤06 执行操作后，可灵AI即可根据用户上传的图片和设置的信息，生成一条短视频，如图4-40所示。

图 4-40　生成一条短视频

4.3.3　对短视频进行延长

扫码看视频

【效果展示】在可灵AI网页版中，通过“文生视频”或“图生视频”的方式生成短视频之后，创作者可以对生成的短视频进行延长，续写短视频，效果如图4-41所示。

图 4-41　使用可灵 AI 网页版延长短视频的效果

下面介绍在可灵AI网页版中延长短视频的具体操作步骤。

步骤 01 ❶单击对应短视频下方的“延长5s”按钮；❷在弹出的下拉列表框中，选择“自动延长”选项，如图4-42所示。

图 4-42　选择“自动延长”选项

★ 专 家 提 醒 ★

在可灵 AI 平台中，有两种视频延长方式，即自动延长和自定义创意延长。自动延长，就是使用原有的信息延长视频；而自定义创意延长，则可以对提示词进行调整，再进行视频的延长。

步骤 02 执行操作后，可灵AI会在原有视频的基础上，生成一条延长5秒的短视频，如图4-43所示。

图 4-43　生成一条延长 5 秒的短视频

步骤 03 如果创作者对短视频的效果比较满意，可以将鼠标指针放置在对应短视频下方的按钮上单击，在弹出的列表框中选择“无水印下载”选项，如图4-44所示，将短视频下载至电脑中备用。

图 4-44　选择“无水印下载”选项

★ 专家提醒 ★

在可灵AI平台中，只能对使用“可灵1.0”模型生成的短视频进行延长，对于使用“可灵1.5”模型生成的短视频，无法对其进行延长。

课后实训

扫码看视频

【效果展示】使用“首尾帧”功能实现图生视频是一种高级的技术，它通过定义视频的起始帧（即首帧）和结束帧（即尾帧），让AI在两者之间生成平滑的过渡和动态效果，如图4-45所示。

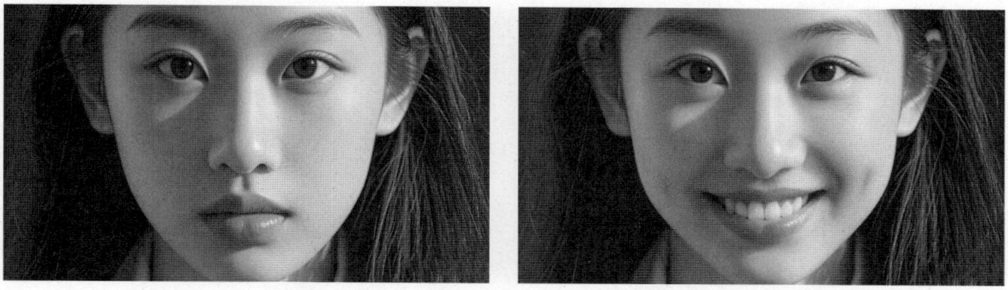

图 4-45　使用“首尾帧”功能生成的短视频效果

下面介绍使用“首尾帧”功能生成短视频的具体操作技巧。

步骤 01 进入可灵AI网页版“AI视频”页面的“图生视频”选项卡，单击“图片及创意描述”选项区域的“增加尾帧”按钮，如图4-46所示，开启“增加尾帧”功能。

步骤 02 执行操作后，“图片及创意描述”选项区域的信息会发生变化，单击“上传首帧图片”按钮，如图4-47所示，进行首帧图片的上传。

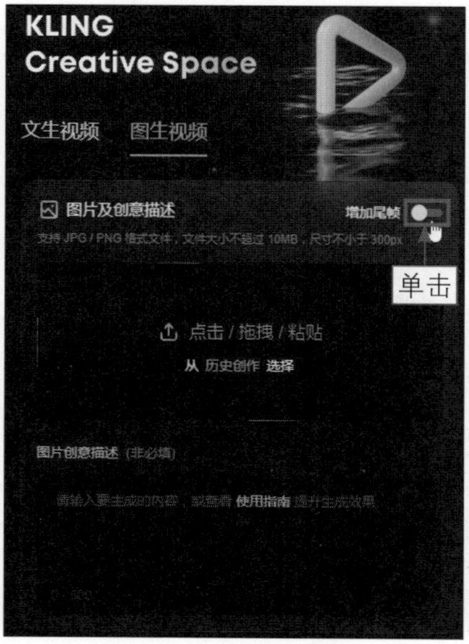

图 4-46　单击 按钮

图 4-47　单击“上传首帧图片”按钮

步骤 03 根据提示进行操作，将首尾帧图片上传至"图片及创意描述"选项区域，❶输入提示词；❷设置短视频的生成信息；❸单击"立即生成"按钮，如图4-48所示，进行短视频的生成。

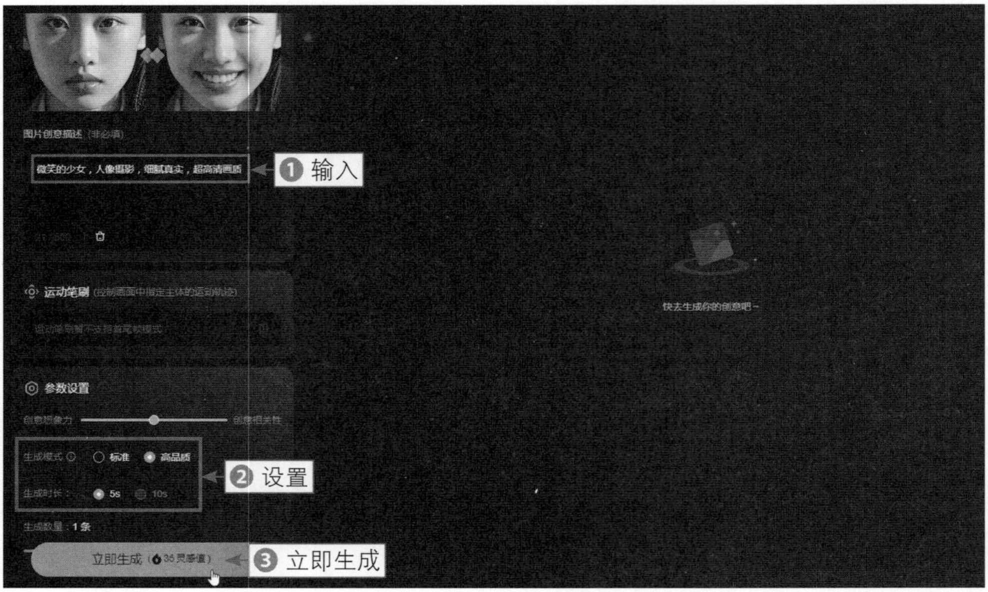

图 4-48　单击"立即生成"按钮

步骤 04 执行操作后，可灵AI即可根据上传的图片和设置的信息，生成一条短视频，如图4-49所示。

图 4-49　生成一条短视频

第 5 章　剪映 AI：全能易用的短视频工具

剪映是一款全能易用的短视频工具，借助剪映的AI功能，创作者可以进行短视频生成、剪辑、调色、特效、音频处理等操作，快速提高短视频的制作效率。它不仅支持手机版操作，还推出了电脑版，以满足创作者在不同场景下的短视频制作和剪辑需求。

5.1 快速认识剪映

剪映作为一款功能全面的视频工具，可以帮助创作者快速提升视频制作效率，节省剪辑的时间。当然，在使用剪映之前，首先需要下载与安装剪映，并对其相关功能有所了解。

5.1.1 剪映手机版的安装与登录

扫码看视频

如果创作者需要使用剪映App创作和剪辑视频效果，首先需要下载和登录剪映App，具体操作方法如下。

步骤01 进入手机软件商店的“首页”界面，点击界面上方的搜索栏，❶在搜索框中输入“剪映”进行搜索；❷点击“剪映”右侧的“安装”按钮，如图5-1所示，进行App的安装。

步骤02 App下载安装完成后，“安装”按钮会变成“打开”按钮，点击“打开”按钮，如图5-2所示。

步骤03 弹出“个人信息保护指引”面板，在其中可以查阅《用户协议》与《隐私政策》的相关内容，点击“同意”按钮，如图5-3所示。

图 5-1 点击“安装”按钮

图 5-2 点击“打开”按钮

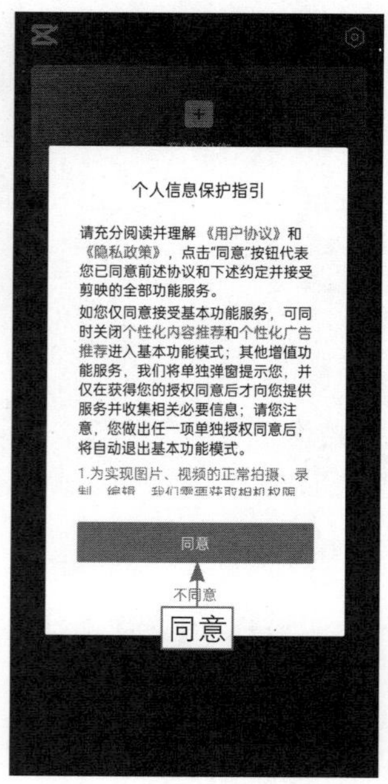

图 5-3 点击“同意”按钮

步骤04 进入剪映App的“剪同款”界面，点击“我的”按钮，如图5-4所示。

步骤 05 执行操作后，进入剪映的登录界面，❶选中“已阅读并同意剪映用户协议和剪映隐私政策”复选框；❷点击“抖音登录”按钮，如图5-5所示。

步骤 06 执行操作后，进入“我的”界面，如果界面中显示账号头像和名称等信息，就说明账号登录成功了，如图5-6所示。

图 5-4　点击“我的”按钮

图 5-5　点击“抖音登录”按钮

图 5-6　账号登录成功

5.1.2　剪映电脑版的安装与登录

扫码看视频

剪映电脑版（即专业版）是一款功能强大的视频软件，为创作者提供了一站式的视频剪辑解决方案。下面介绍下载与登录剪映电脑版的操作方法。

步骤 01 ❶在浏览器（如360搜索）中输入并搜索“剪映专业版官网”；❷单击搜索结果中的剪映专业版官网链接，如图5-7所示，即可进入剪映的官网。

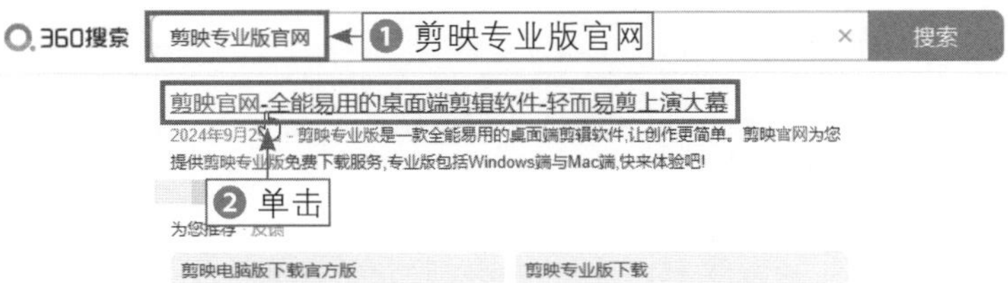

图 5-7　单击搜索结果中的剪映专业版官网链接

步骤02 进入剪映专业版官网的默认页面，在“专业版”选项卡中单击“立即下载”按钮，如图5-8所示。

图 5-8　单击“立即下载”按钮

步骤03 弹出“新建下载任务”对话框，单击“下载”按钮，如图5-9所示，将软件安装包下载到本地文件夹中。

步骤04 下载完成后，打开相应的文件夹，在软件安装包上单击鼠标右键，在弹出的快捷菜单中选择“打开”命令，如图5-10所示。

图 5-9　单击“下载”按钮

图 5-10　选择“打开”命令

步骤05 执行操作后，弹出“剪映专业版下载安装”对话框，显示软件的安装进度，如图5-11所示。

步骤06 下载完成后，弹出“环境监测”对话框，单击“确定”按钮，如图5-12所示，确定使用剪映电脑版。

图 5-11　显示软件的安装进度

图 5-12　单击“确定”按钮

步骤07 执行操作后，进入剪映专业版的“首页”界面，单击“点击登录账户”按钮，如图5-13所示。

步骤08 弹出“登录”对话框，❶选中“已阅读并同意剪映用户协议和剪映隐私政策”复选框；❷单击“通过抖音登录”按钮，如图5-14所示。

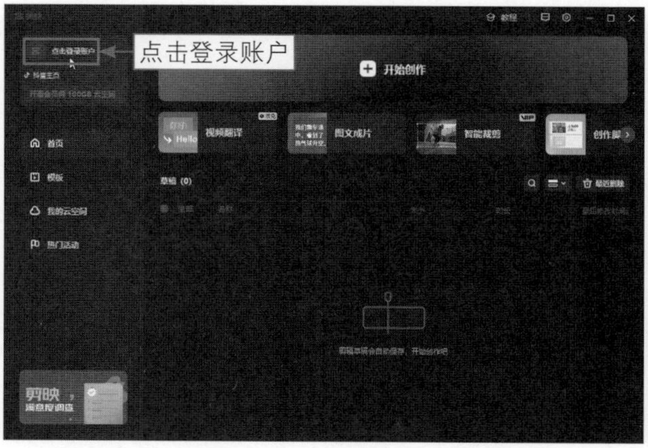

图 5-13　单击“点击登录账户”按钮

图 5-14　单击“通过抖音登录”按钮

步骤09 执行操作后，进入抖音登录界面，如图5-15所示，创作者可以根据界面提示进行扫码登录或用手机验证码登录，完成登录后，即可返回“首页”界面。

图 5-15　进入抖音登录界面

5.1.3　了解剪映的核心功能

扫码看视频

剪映是一款功能强大的视频编辑工具，其核心功能主要体现在6个方面，如图5-16所示。

视频剪辑 → 视频剪辑是剪映最基本也是最核心的功能之一。它提供了直观易用的界面，使创作者能够方便地导入、剪辑和导出视频。创作者可以对视频进行裁剪、拼接、调整播放速度等操作，以精确控制视频的每一个细节。例如，创作者可以将多个视频片段拼接成一个完整的故事，或者通过裁剪功能去除视频中的冗余部分

音频处理 → 创作者可以直接在剪映中处理视频的音频部分，如调整音量、添加背景音乐或音效等。这一功能为创作者提供了极大的便利，创作者可以根据自己的需求，为视频添加合适的音乐或音效，以提升视频的观看体验

特效添加 → 剪映内置了丰富的特效库，包括滤镜、转场、字幕样式等。创作者可以根据自己的需求选择合适的特效，为视频增添独特的视觉效果。例如，通过应用复古滤镜，创作者可以将现代视频打造成具有复古风格的作品

AI 数字人 → 剪映的 AI 数字人功能允许创作者创建专属的虚拟形象，通过上传视频定制数字分身，并借助智能算法使数字人根据音频生成丰富的面部表情和肢体动作，同时内置语音合成功能，为数字人配音，实现个性化虚拟主播的创建，适用于多种创作场景

AI 智能创作 → 剪映的 AI 创作功能利用人工智能技术自动识别视频内容，实现智能剪辑和生成。创作者只需导入视频，剪映就能自动识别视频中的元素，并按照创作者的设定自动生成剪辑后的视频。此外，剪映还提供了丰富的模板，创作者可以根据自己的需求选择合适的模板进行创作

生成绘画形象 → 剪映具备一键生成绘画形象功能，它让创意设计变得更加简单快捷。创作者可以选择合适的绘画模板，并上传自己的素材，剪映会自动分析素材并按照模板生成对应的绘画形象。生成绘画形象后，创作者还可以对作品进行参数调整，提升作品的效果

图 5-16　剪映的 6 个核心功能

5.2　剪映手机版的 AI 短视频制作技巧

使用剪映手机版的“剪同款”“一键成片”“营销成片”等功能，可以快速制作出相关的AI短视频，本节将讲解具体的操作技巧。

5.2.1　使用“剪同款”功能制作短视频

【效果展示】剪映App的“剪同款”是一个便捷的短视频创作功能，它提供了丰富的短视频模板供创作者选择，创作者只需替换模板中的素材即可快速生成个性化的视频作品，让每个人都能轻松享受创作的乐趣，效果如图5-17所示。

扫码看视频

图 5-17　使用“剪同款”功能制作的短视频效果

下面介绍使用剪映手机版的“剪同款”功能制作短视频的具体操作步骤。

步骤 01 打开剪映App，点击“剪同款”按钮，如图5-18所示。

步骤 02 进入“剪同款”界面，点击界面上方的搜索框，如图5-19所示。

步骤 03 ❶在搜索框中输入模板的关键词；❷点击“搜索”按钮，如图5-20所示。

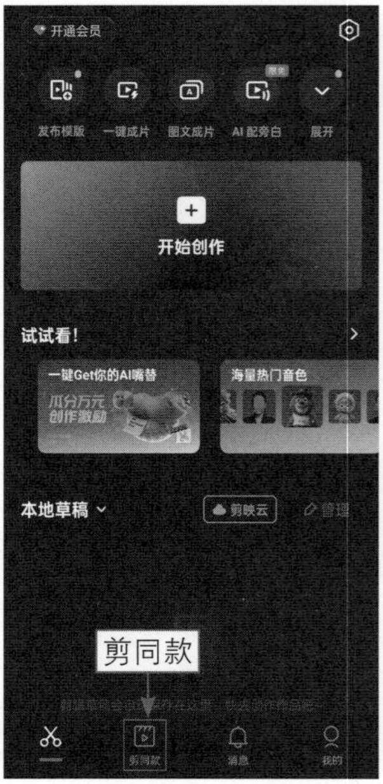

图 5-18　点击“剪同款”按钮

图 5-19　点击搜索框

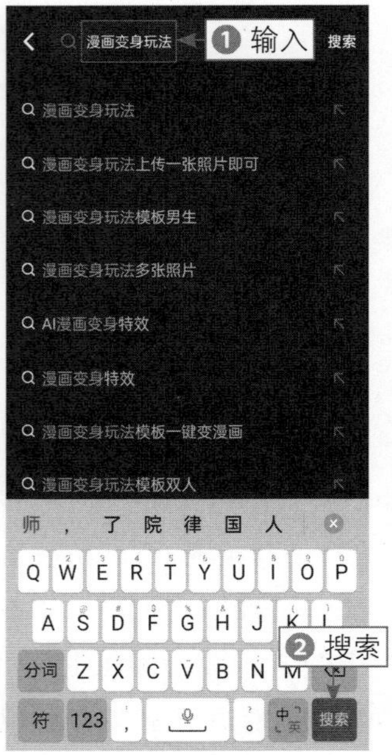

图 5-20　点击“搜索”按钮

步骤 04 执行操作后，点击搜索结果中对应模板的封面，如图5-21所示，即可完成模板的选择。

步骤 05 选择模板之后，进入剪同款的相关界面，点击“剪同款”按钮，如图 5-22 所示。

步骤 06 执行操作后，进入“照片视频”界面，❶ 选择所需的素材；❷ 点击“下一步”按钮，如图 5-23 所示。

步骤 07 执行操作后，会生成一条短视频。如果

图 5-21　点击对应模板的封面

图 5-22　点击“剪同款”按钮

要将短视频保存至手机相册中，可以点击“导出”按钮，如图5-24所示。

图 5-23　点击“下一步”按钮

图 5-24　点击“导出”按钮

步骤 08 弹出“导出设置”面板，❶在该面板中设置短视频的导出信息；❷点击“无水印保存并分享”按钮，如图5-25所示。

步骤 09 执行操作后，会进行短视频的导出。如果显示“导出成功”，就说明短视频保存成功了，如图5-26所示。

★ 专 家 提 醒 ★

剪映 App 中短视频的默认导出清晰度为 1080P，如果创作者要导出其他清晰度的短视频，可以点击 1080P，并根据自身需求进行选择。另外，除了无水印导出短视频，创作者也可以点击按钮，导出有水印的短视频。

图 5-25　点击“无水印保存并分享”按钮

图 5-26　短视频保存成功

5.2.2 使用“一键成片”功能制作短视频

扫码看视频

【效果展示】剪映App的“一键成片”功能允许创作者快速将多段视频素材或多张照片合成为一段连贯的视频。创作者只需简单地选择想要编辑的素材，剪映App便能生成一条短视频，效果如图5-27所示。

图 5-27　使用“一键成片”功能制作的短视频效果

下面介绍在剪映AI手机版中使用“一键成片”功能制作短视频的操作步骤。

步骤 01 启动剪映App，点击“一键成片”按钮，如图5-28所示。

步骤 02 进入“照片视频”界面，❶选择图片素材；❷点击“下一步”按钮，如图5-29所示。

步骤 03 执行操作后，即可将图片素材导入剪映App中，并使用默认的模板生成一条短视频，如图5-30所示。

步骤 04 点击短视频预览界面中相应的模板按钮，如图5-31所示，进行短视频效果的调整。

步骤 05 执行操作后，即可使用所选的短视频模板重新生成一条短视频，如图5-32所示。

图 5-28　点击“一键成片”按钮

图 5-29　点击“下一步”按钮

图 5-30　生成一条短视频

图 5-31　点击相应的模板按钮

图 5-32　重新生成一条短视频

5.2.3　使用“营销成片”功能制作短视频

【效果展示】剪映App的“营销成片”是专门用来制作营销推广类AI短视频的功能，借助该功能，创作者只需上传视频素材，并设置视频的生成信息，即可快速获得相关的短视频，效果如图5-33所示。

扫码看视频

图 5-33　使用“营销成片”功能制作的短视频效果

下面介绍在剪映手机版中使用“营销成片”功能制作短视频的具体操作步骤。

步骤 01 进入剪映App的“剪辑”界面，点击“展开”按钮，如图5-34所示，展开相应的面板。

步骤 02 在展开的面板中，点击“营销成片”按钮，如图5-35所示，启动“营销成片”功能。

步骤 03 进入“营销推广视频”界面，点击“添加素材”下方的+图标，如图5-36所示，进行素材的上传。

步骤 04 进入“照片视频”界面，❶选择要上传的视频素材；❷点击“下一步”按钮，如图5-37所示。

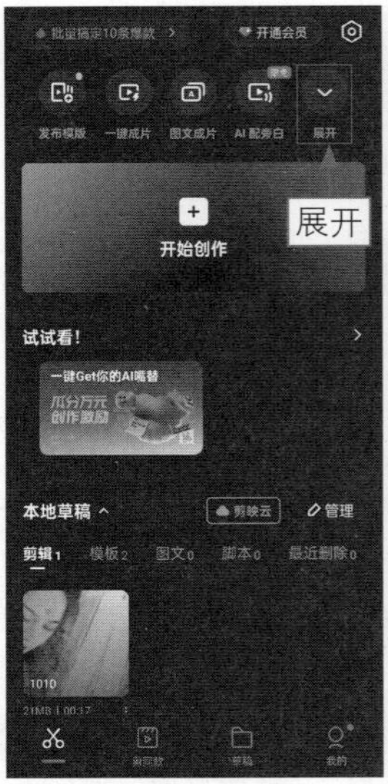

图 5-34　点击“展开”按钮

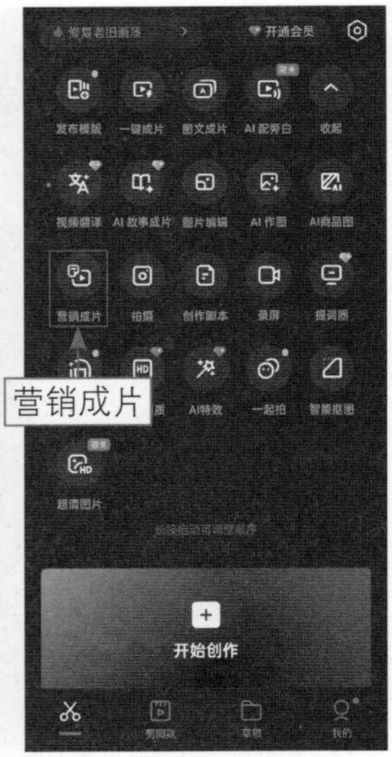

图 5-35　点击“营销成片”按钮

步骤 05 返回“营销推广视频”界面，如果界面中显示刚刚选择的视频素材，就说明视频素材上传成功了，如图5-38所示。

图 5-36　点击+图标

图 5-37　点击“下一步”按钮

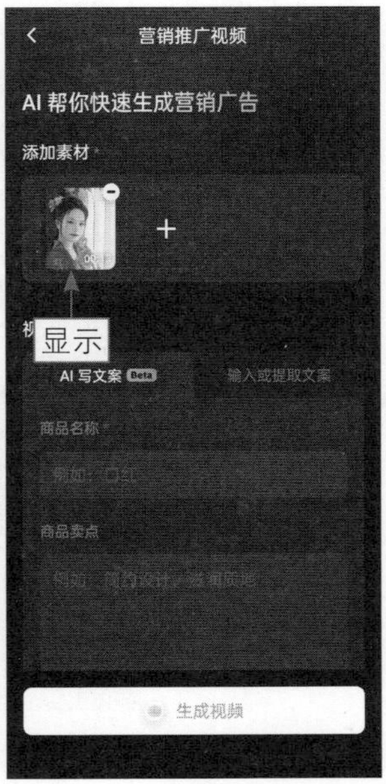

图 5-38　视频素材上传成功

步骤 06 ❶在“营销推广视频”界面中输入商品名称和商品卖点；❷点击“展开更多”按钮，如图5-39所示。

步骤 07 ❶在展开的面板中设置适用人群、优惠活动、视频尺寸和视频时长等信息；❷点击“生成视频”按钮，如图5-40所示，进行短视频的生成。

步骤 08 执行操作后，会根据上传的视频素材和设置的信息生成短视频。如果对当前短视频的效果不满意，可以滑动并点击短视频封面，如图5-41所示，查看其他的短视频效果。

步骤 09 执行操作后，即可预览对应短视频的效果，如图5-42所示。

★专家提醒★

如果创作者对生成的5条短视频效果都不满意，可以点击第5个短视频封面右侧的“生成更多”按钮，再次生成5条短视频。

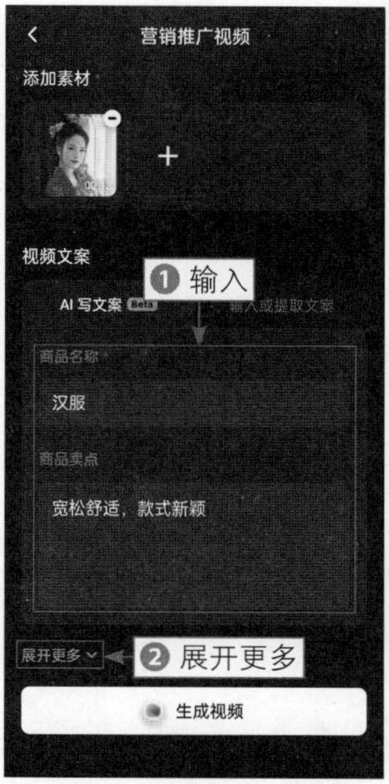

图5-39　点击“展开更多”按钮

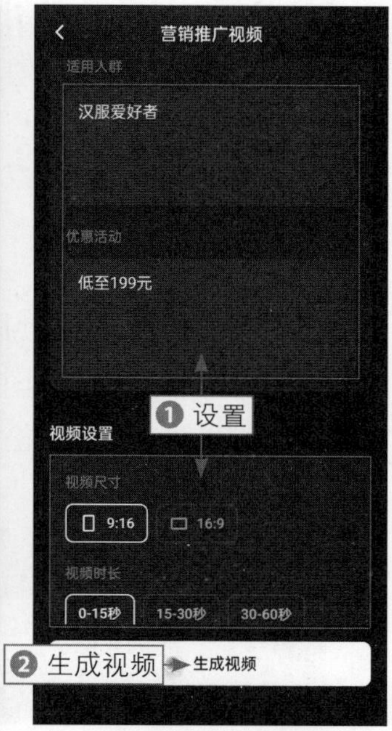

图5-40　点击“生成视频”按钮

图5-41　滑动并点击短视频封面

图5-42　预览对应短视频的效果

5.3 剪映电脑版的AI短视频制作技巧

除了剪映手机版，创作者还可以借助剪映电脑版来制作AI短视频。本节将以图文成片和模板成片为例，讲解AI短视频的制作技巧。

5.3.1 使用“图文成片”功能制作短视频

【效果展示】剪映电脑版的“图文成片”功能可以根据创作者提供的文案，智能匹配图片和视频素材，并自动添加相应的字幕、朗读音频和背景音乐，轻松完成图文生视频的操作，效果如图5-43所示。

扫码看视频

图 5-43　使用“图文成片”功能制作的短视频效果

下面介绍在剪映电脑版中使用“图文成片”功能制作短视频的具体操作步骤。

步骤 01 启动剪映电脑版，在“首页”界面中，单击“图文成片”按钮，如图5-44所示。

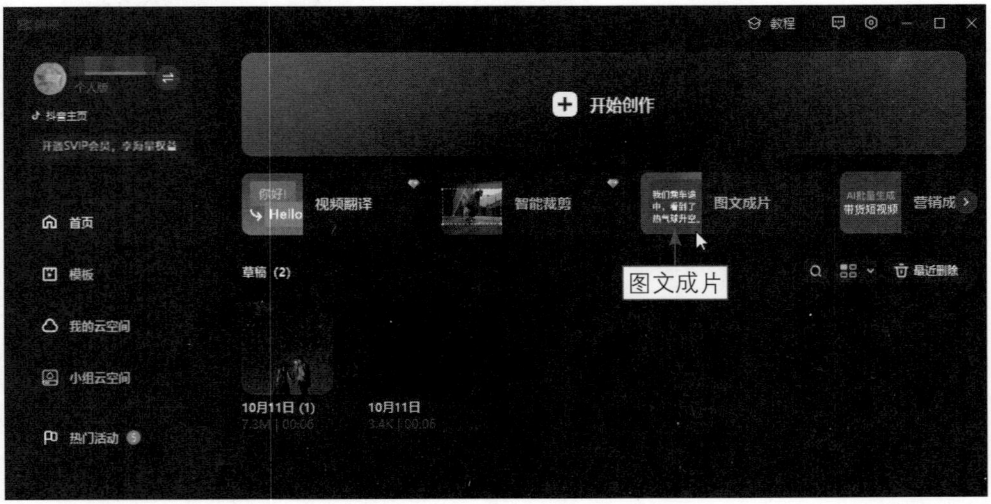

图 5-44　单击“图文成片”按钮

步骤 02 执行操作后，在弹出的“图文成片”对话框中，选择“自由编辑文案”选项，如图5-45所示。

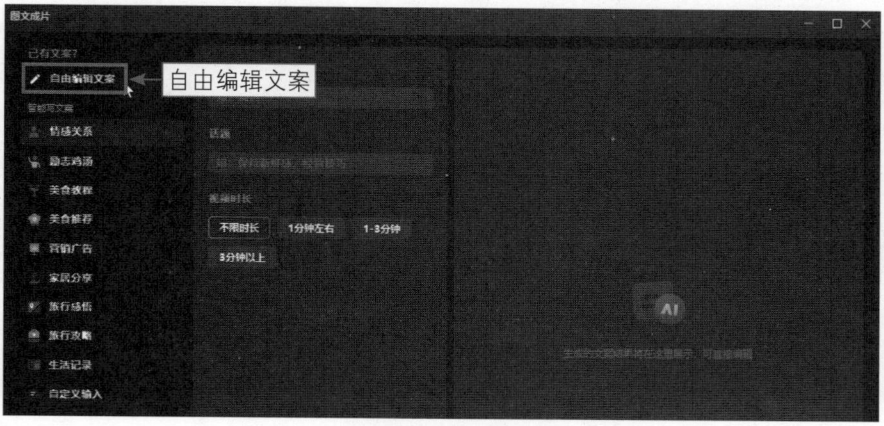

图 5-45 选择“自由编辑文案”选项

步骤 03 在弹出的“自由编辑文案”对话框中，❶根据自身需求输入文案内容；❷单击“生成视频”按钮；在“请选择成片方式”列表框中，❸选择“智能匹配素材”选项，如图5-46所示。

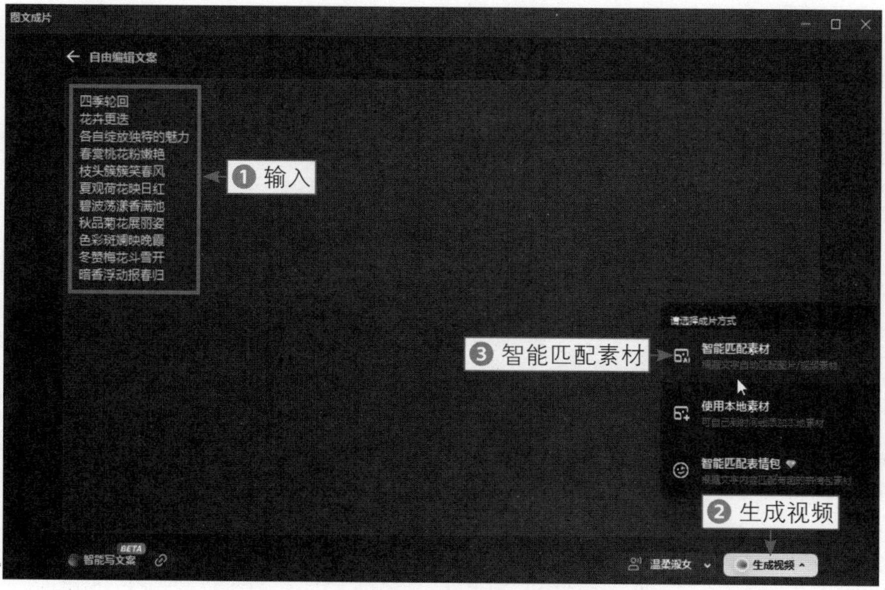

图 5-46 选择“智能匹配素材”选项

步骤 04 稍等片刻，剪映会自动调取素材，根据文案内容生成视频的雏形，如图5-47所示。

图 5-47　生成视频的雏形

步骤 05 将鼠标指针定位在第1个素材上，单击鼠标右键，弹出快捷菜单，选择“替换片段”命令，如图5-48所示，将图文不太相符的素材替换掉。

步骤 06 在弹出的“请选择媒体资源”对话框中，❶选择相应的图片素材；❷单击“打开”按钮，如图5-49所示。

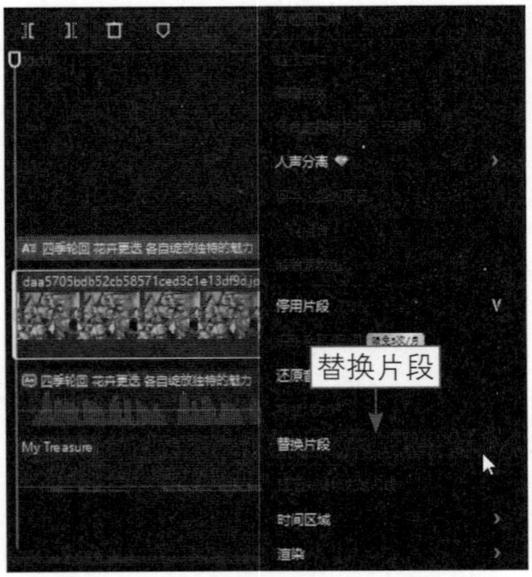

图 5-48　选择“替换片段”命令

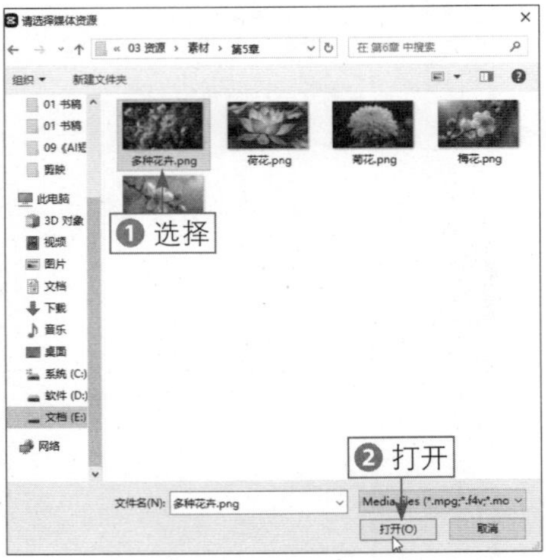

图 5-49　单击“打开”按钮

步骤 07 弹出“替换”对话框，单击“替换片段”按钮，如图5-50所示。

步骤 08 执行操作后，即可将该图片素材替换到视频片段中，如图5-51所示，同时导入到“媒体”功能区中。

图 5-50　单击“替换片段”按钮

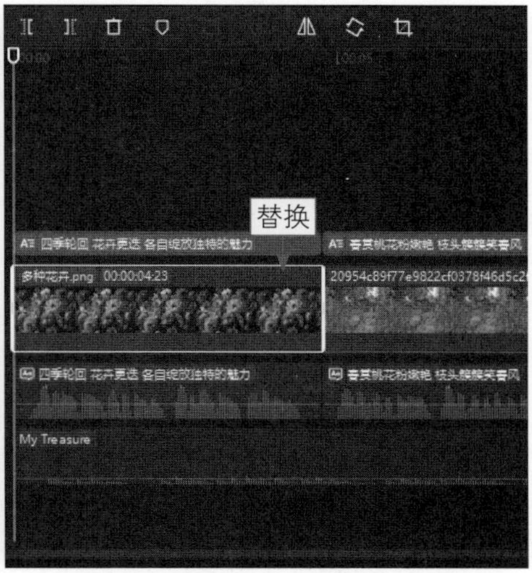

图 5-51　将图片素材替换到视频片段中

步骤 09 运用同样的方法，将其他不合适的素材替换掉，效果如图5-52所示。

图 5-52　将其他不合适的素材替换掉的效果

5.3.2　使用“模板成片”功能制作短视频

【效果展示】剪映电脑版是一款功能强大的视频编辑软件，为创作者提供了一站式的视频剪辑解决方案。在剪映电脑版中，创作者可以输入关键词来搜索模板，并使用合适的模板制作短视频，效果如图5-53所示。

扫码看视频

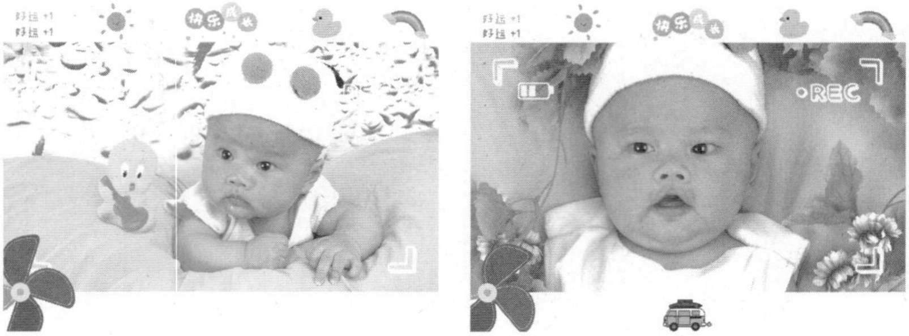

图 5-53　在剪映电脑版中使用“模板”功能制作的短视频效果

下面介绍使用剪映AI电脑版的“模板”功能制作短视频的具体操作步骤。

步骤 01 启动剪映电脑版，在“首页”界面左侧的导航栏中，单击“模板”按钮，如图5-54所示，启用“模板”功能。

图 5-54　单击“模板”按钮

步骤 02 进入“模板”界面，❶在输入框中输入搜索关键词；❷对模板的相关信息进行设置，并进行模板的搜索；❸找到所需的模板，单击“使用模板”按钮，如图5-55所示，使用该模板。

图 5-55　单击“使用模板”按钮

步骤 03 执行操作后，会自动进入剪映的操作界面，创作者可以在“播放器”面板中查看模板的效果，如图5-56所示。

图 5-56　查看模板的效果

步骤 04 单击模板第1个视频片段中的“替换”按钮，如图5-57所示，对素材进行替换。

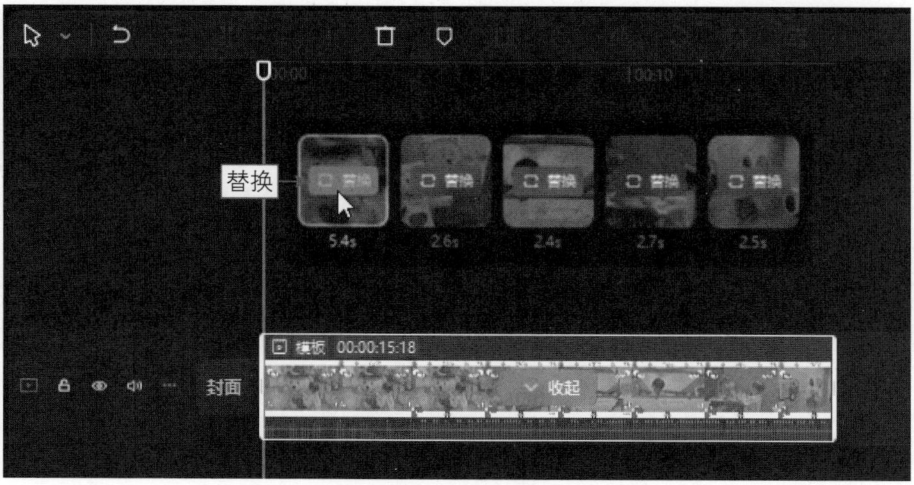

图 5-57　单击“替换”按钮

步骤 05 弹出“请选择媒体资源”对话框，❶在该对话框中选择相应的图片素材；❷单击“打开”按钮，如图5-58所示。

步骤 06 执行操作后，即可将该图片素材替换到视频片段中，效果如图5-59所示，同时导入到“媒体”功能区中。

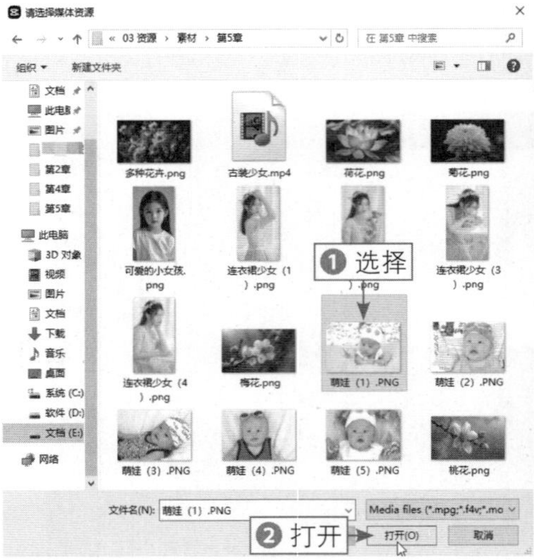

图 5-58　单击“打开”按钮

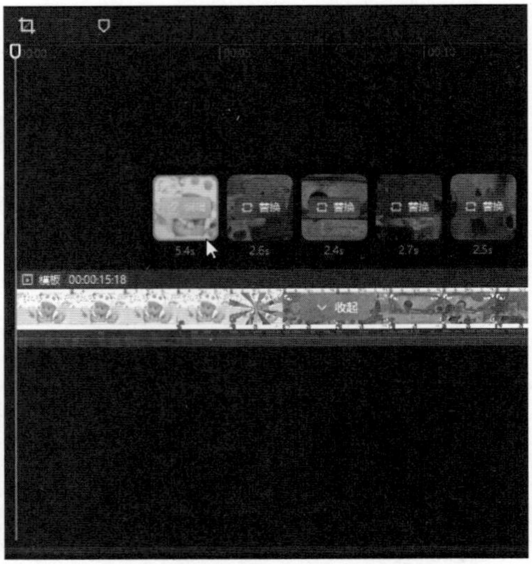

图 5-59　将图片素材替换到视频片段中

步骤 07 参照同样的操作方法，替换其他的图片素材，即可完成短视频的制作，如图5-60所示。

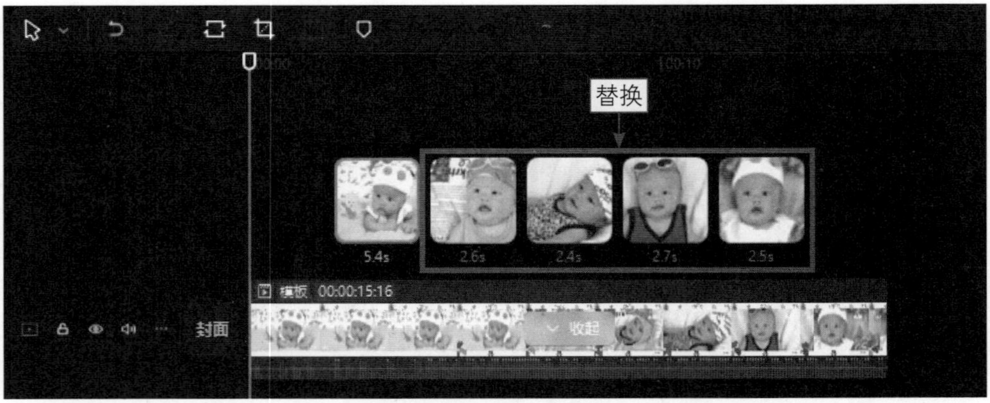

图 5-60　完成短视频的制作

课后实训

【效果展示】剪映是一款集视频剪辑和虚拟数字人技术于一体的短视频应用，创作者可以通过剪映快速生成口型同步的虚拟角色。剪映提供了大量数字人角色和场景模板，创作者可以根据自身需求进行个性化定制，效果如图5-61所示。

扫码看视频

图 5-61　剪映电脑版生成的虚拟数字人短视频效果

下面介绍使用剪映电脑版生成虚拟数字人短视频的具体操作方法。

步骤 01 启动剪映电脑版，单击“首页”界面中的“开始创作”按钮，如图5-62所示，开始进行数字人短视频的制作。

图 5-62　单击“开始创作”按钮

步骤02 进入剪映电脑版的短视频创作界面，❶切换至“文本”功能区；❷在“新建文本”选项卡中，单击“默认文本”右下角的“添加到轨道”按钮，如图5-63所示，添加一个默认的文本素材。

步骤03 执行操作后，会新建一个文本素材。选中文本素材，在“文本”操作区中输入数字人的播报内容，如图5-64所示。

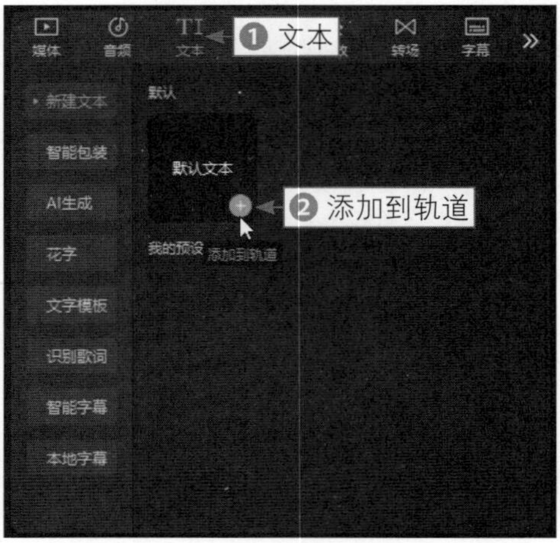

图 5-63　单击“添加到轨道”按钮

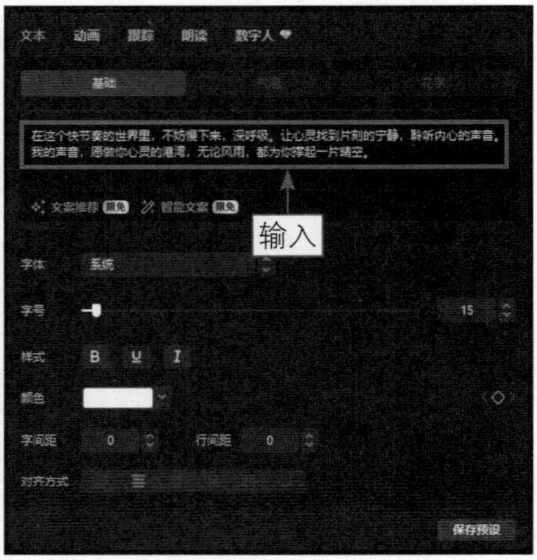

图 5-64　输入数字人的播报内容

步骤04 此时可以在操作区中看到“数字人”标签，❶单击该标签切换至“数字人”操作区；❷在“形象”选项区域选择合适的数字人形象，如图5-65所示。

步骤05 滚动鼠标滚轮，在“音色”选项区域选择相应的音色选项，如图5-66所示，为数字人配备合适的音色。

图 5-65　选择合适的数字人形象

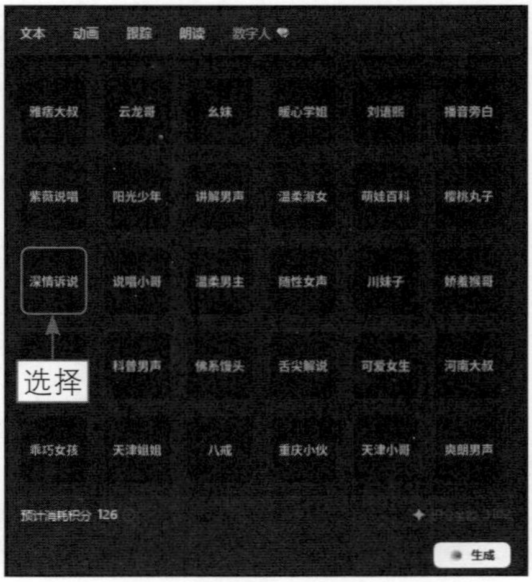

图 5-66　选择相应的音色选项

步骤 06 滚动鼠标滚轮，❶在“图片背景”选项区域选择合适的背景，为数字人短视频添加背景；❷单击“生成”按钮，如图5-67所示，进行数字人短视频的生成。

步骤 07 执行操作后，即可对数字人短视频进行渲染。渲染完成后，❶选择文本素材；❷单击“删除”按钮，即可完成数字人短视频的制作，如图5-68所示。

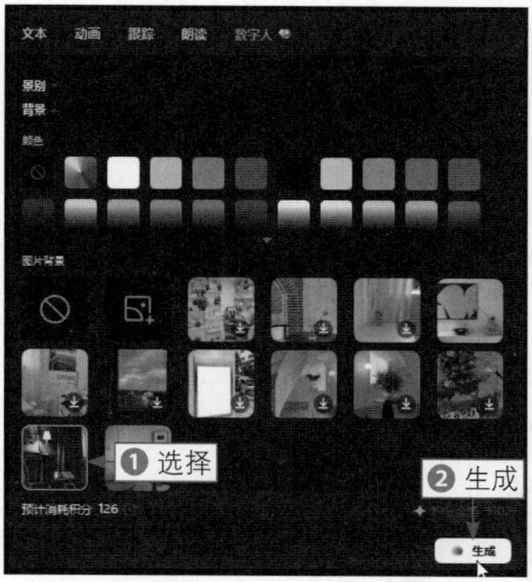

图 5-67　单击“生成”按钮

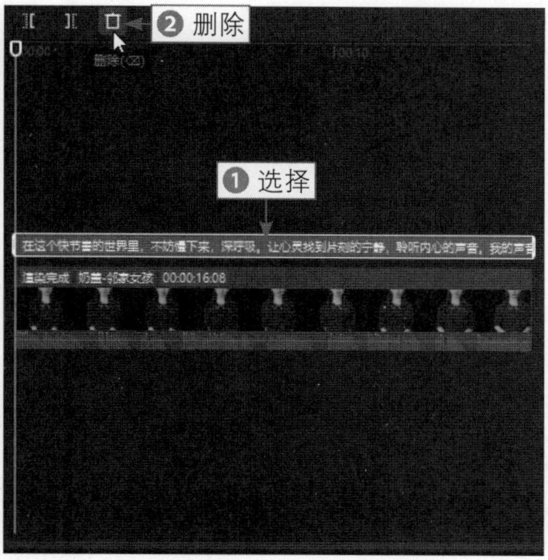

图 5-68　单击“删除”按钮

第 6 章　腾讯智影 AI：实现短视频的在线制作

腾讯智影支持视频剪辑、素材库、文本配音、数字人播报、自动字幕识别等多种AI功能，其强大的AI功能为创作者提供了高效、智能的创作方式，创作者只需登录其官网，即可实现短视频的在线制作。

6.1 快速认识腾讯智影

腾讯智影于2023年3月30日正式发布，作为一款云端工具，创作者无须下载即可通过计算机中的浏览器进行访问。本节主要介绍登录腾讯智影账号的方法，并对腾讯智影的核心功能进行详细介绍。

6.1.1 腾讯智影账号的登录

扫码看视频

在使用腾讯智影之前，首先需要登录腾讯智影账号。创作者可以通过多种方式登录腾讯智影账号，下面就以微信扫码登录为例，讲解具体的操作步骤。

步骤 01 打开浏览器（如百度），❶在输入框中输入“腾讯智影”；❷单击“百度一下”按钮，在浏览器中查找腾讯智影的官网；❸在搜索结果中，单击腾讯智影官网对应的链接，如图6-1所示。

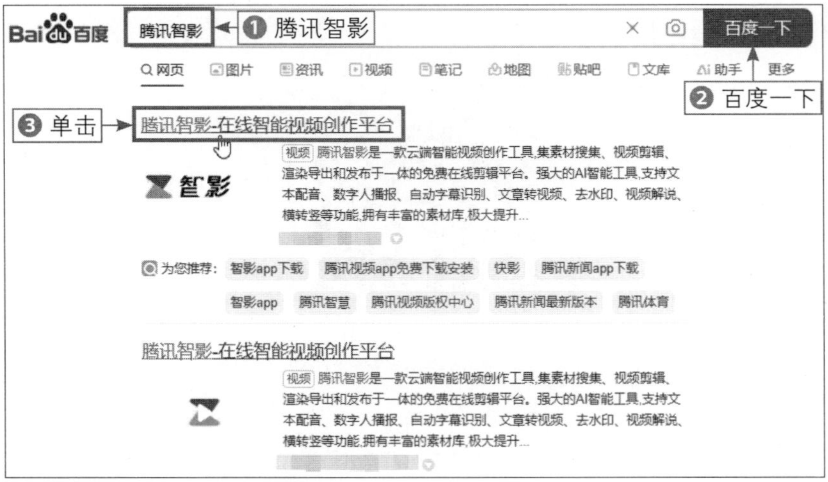

图 6-1 单击腾讯智影官网对应的链接

步骤 02 进入腾讯智影官网默认的页面，单击页面右上方的“登录”按钮，如图6-2所示，进行账号的登录。

步骤 03 弹出腾讯智影的登录方式面板，该面板的“微信登录”选项卡中会显示一个二维码，如图6-3所示，创作者只需用微信进行扫码，即可登录腾讯智影。

★ 专家提醒 ★

除了微信扫码，创作者还可以用手机号码和QQ号进行登录。具体的登录方式，创作者只需根据自身情况进行选择即可。

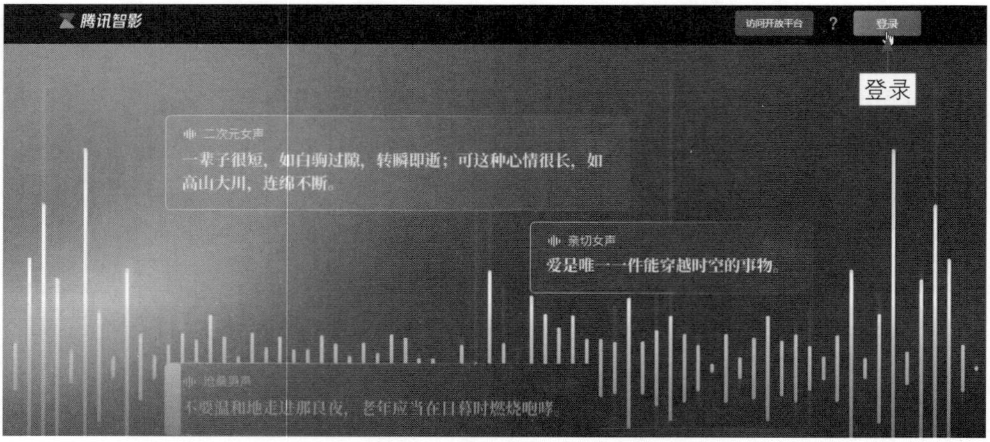

图 6-2　单击“登录”按钮

图 6-3　“微信登录”选项卡中显示二维码

6.1.2　了解腾讯智影的核心功能

扫码看视频

腾讯智影是一款云端智能视频创作工具，其核心功能主要体现在4个方面，如图6-4所示。

AI 数字人 → 创作者可以通过输入文本或音频，快速生成数字人播报视频。腾讯智影提供了数十款风格多元的数字人供创作者选择，同时支持创作者自定义数字人的形象、服装、动作和背景等，使得真人出镜的视频制作变得更加简单和高效

文本配音 → 腾讯智影的文本配音功能也非常强大。它提供了上百种仿真的声线，风格涵盖视频配音、新闻播报、内容朗诵等诸多场景。创作者只需输入文本，即可生成自然的语音，大大节省了配音的时间和成本。同时，腾讯智影还支持对配音的节奏、发音等进行精细调整，使得配音效果更加符合创作者的期望

视频剪辑 → 作为一款云端智能视频创作工具，腾讯智影的视频剪辑功能同样不容小觑。它提供了专业、易用的视频剪辑器，支持视频多轨道剪辑、添加特效与转场、添加素材、添加关键帧、制作动画、蒙版，还具有变速、倒放、镜像、画面调节等多种功能

其他功能 → 除了以上核心功能，腾讯智影还提供了智能去水印和自动字幕识别等多种实用功能。智能去水印功能可以帮助创作者快速去除视频中的水印，保护创作者的创作权益；自动字幕识别功能则可以自动识别视频中的语音并生成字幕，大大提高了视频的可读性和传播效果

图 6-4　腾讯智影的核心功能

6.2　使用文字生成短视频

【效果展示】借助腾讯智影平台的“文章转视频”功能，创作者只需输入文字信息，并替换相关素材，即可完成短视频的制作，效果如图6-5所示。

图 6-5　在腾讯智影平台中使用文字生成的短视频效果

6.2.1　输入文字生成短视频

扫码看视频

在腾讯智影平台中，创作者可以通过输入文字信息生成一条短视频，下面就来介绍具体的操作步骤。

步骤 01 进入腾讯智影的“创作空间”页面，单击页面中的“文章转视频”按钮，如图6-6所示，启动“文章转视频”功能。

图 6-6　单击“文章转视频”按钮

步骤 02 进入“文章转视频”页面，❶在文本框中输入文字信息；❷设置短视频的生成信息；❸单击“生成视频”按钮，如图6-7所示，即可开始进行短视频的生成。

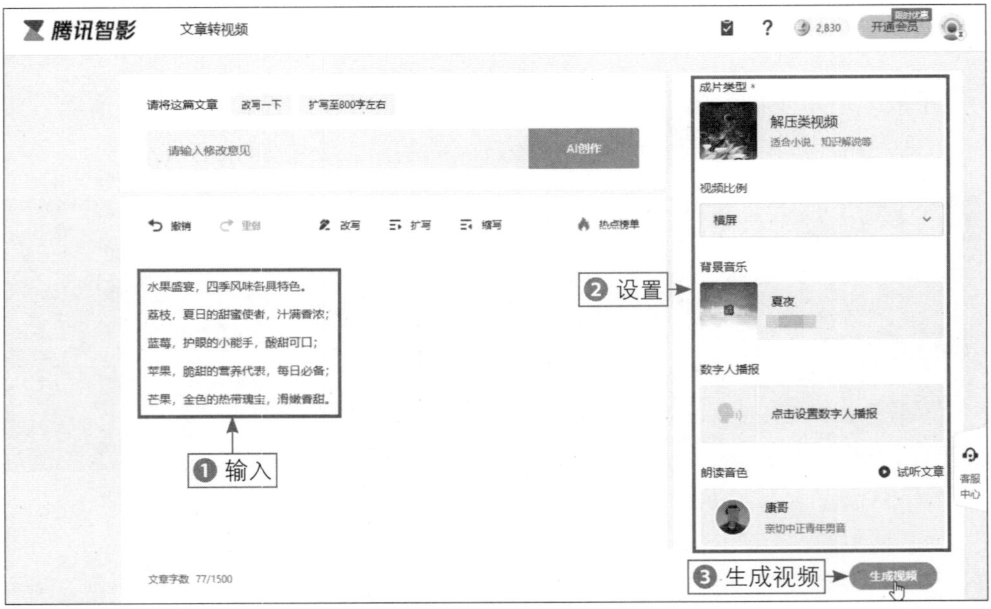

图 6-7　单击“生成视频”按钮

步骤 03 执行操作后，会弹出一个对话框，该对话框中会显示短视频剪辑生成的进度，稍等片刻，即可进入短视频编辑页面，查看生成的短视频雏形，如图6-8所示。

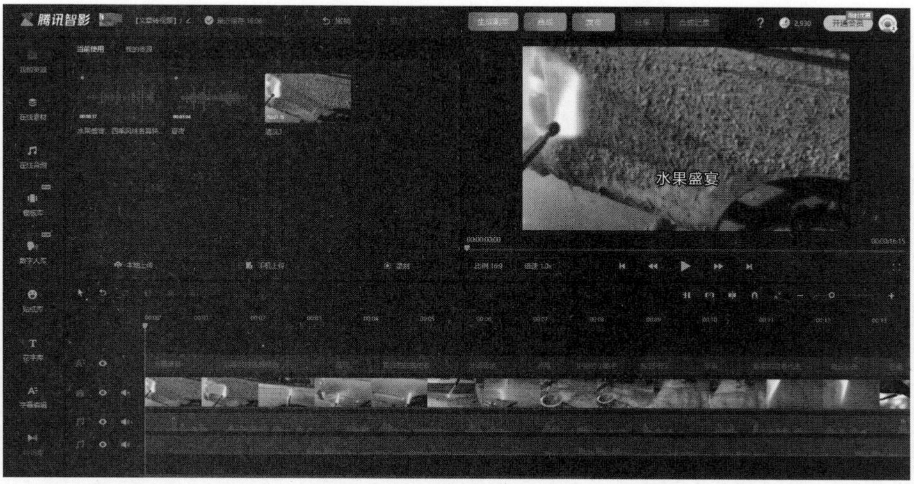

图 6-8　查看生成的短视频雏形

6.2.2　替换短视频的素材

扫码看视频

从图6-8中可以看出，虽然腾讯智影生成的短视频各项要素都很齐全，但是短视频素材与输入的文字信息却不匹配。对此，创作者可以将这些不匹配的短视频素材替换掉，具体操作步骤如下。

步骤 01 在腾讯智影中，用文字生成的短视频可能把所有素材都连在一起了，为了方便替换素材，创作者需要先将短视频分割开来。❶将时间轴拖曳至需要分割短视频的位置；❷单击“分割”按钮，如图6-9所示。

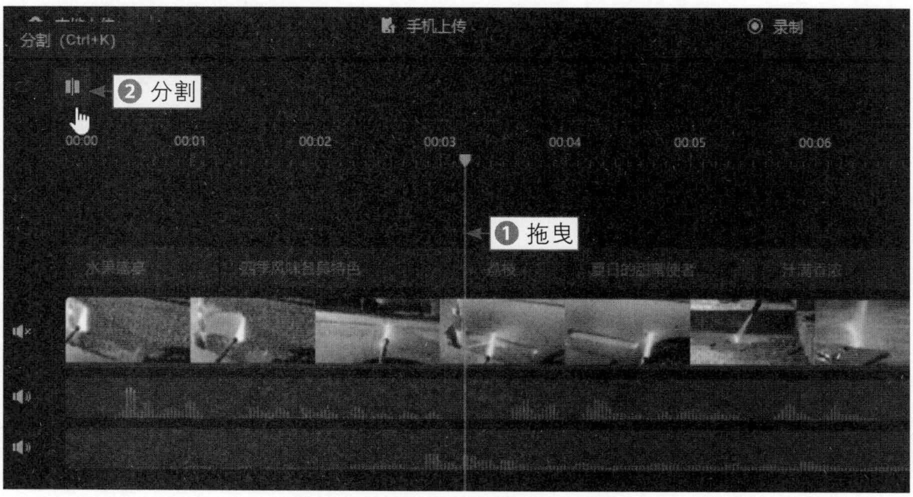

图 6-9　单击“分割”按钮

步骤 02 执行操作后，即可将短视频分割开来，参照同样的操作方法，将短视频的其他部分都分割开来。单击“当前使用”选项卡中的“本地上传”按钮，如图6-10所示，进行图片素材的上传。

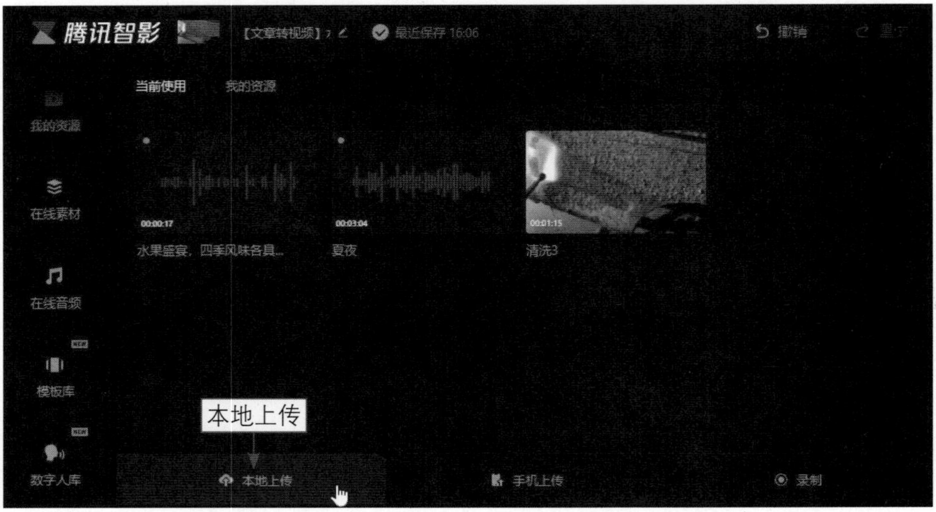

图 6-10　单击“本地上传”按钮

步骤 03 弹出“打开”对话框，❶选择要上传的所有素材；❷单击“打开”按钮，如图6-11所示。

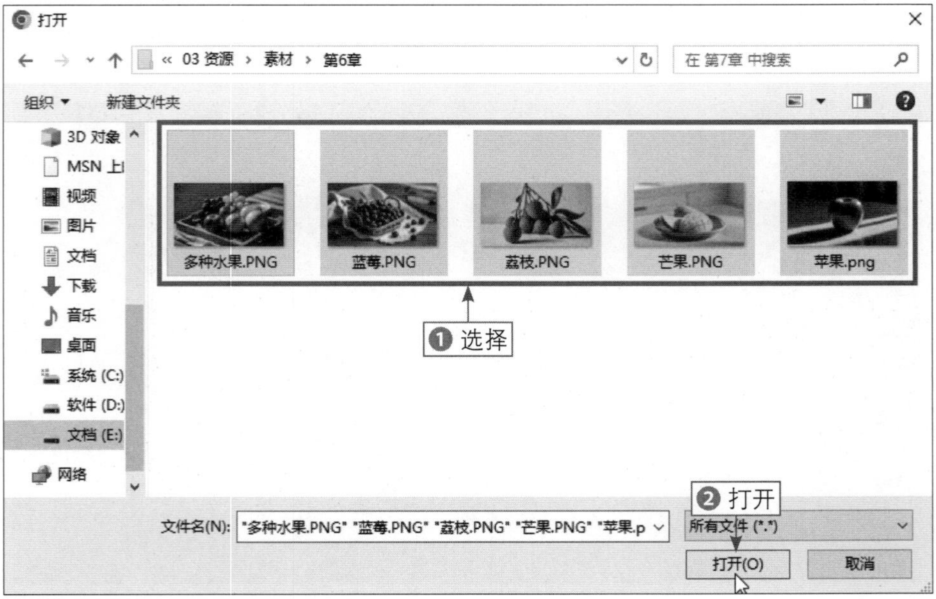

图 6-11　单击“打开”按钮

步骤 04 执行操作后，如果“当前使用”选项卡中显示刚刚选择的图片素材，就说明这些图片素材上传成功了，如图6-12所示。

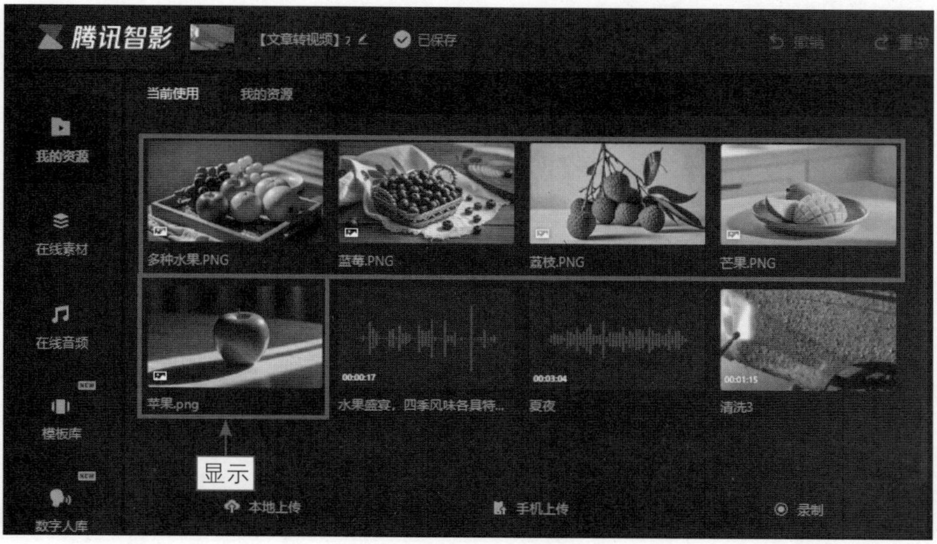

图 6-12　图片素材上传成功

步骤 05 图片素材上传成功后，即可开始进行替换，在视频轨道的第一段素材上单击“替换素材”按钮，如图6-13所示。

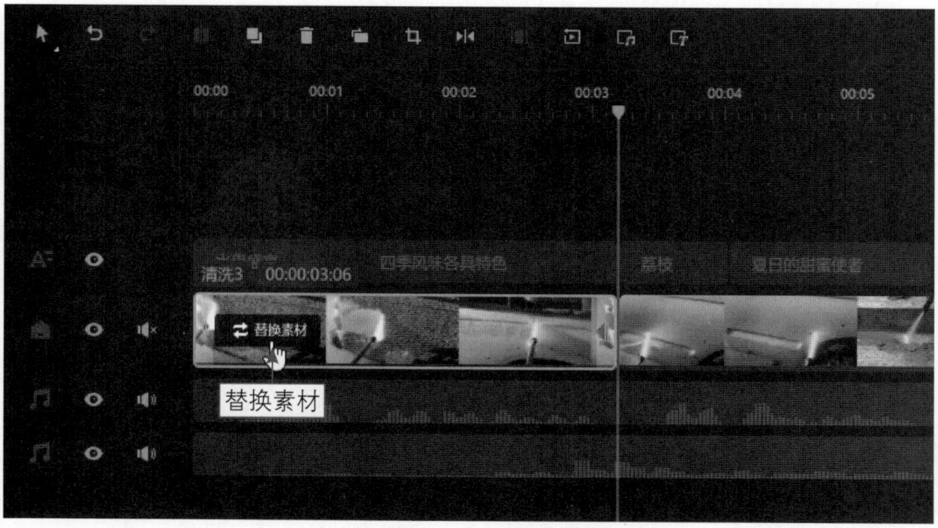

图 6-13　单击“替换素材”按钮

步骤 06 弹出“替换素材”面板，在“我的资源”选项卡中选择要替换的素材，如图6-14所示。

图 6-14　选择要替换的素材

步骤 07 执行操作后，即可预览素材的效果，单击“替换”按钮，如图6-15所示，进行素材的替换。

步骤 08 如果对应视频轨道中显示刚刚选择的图片素材，就说明图片素材替换成功了，如图6-16所示。

图 6-15　单击“替换”按钮

图 6-16　图片素材替换成功

步骤 09 参照同样的方法，将素材按顺序进行替换，效果如图6-17所示，即可完成短视频的制作。

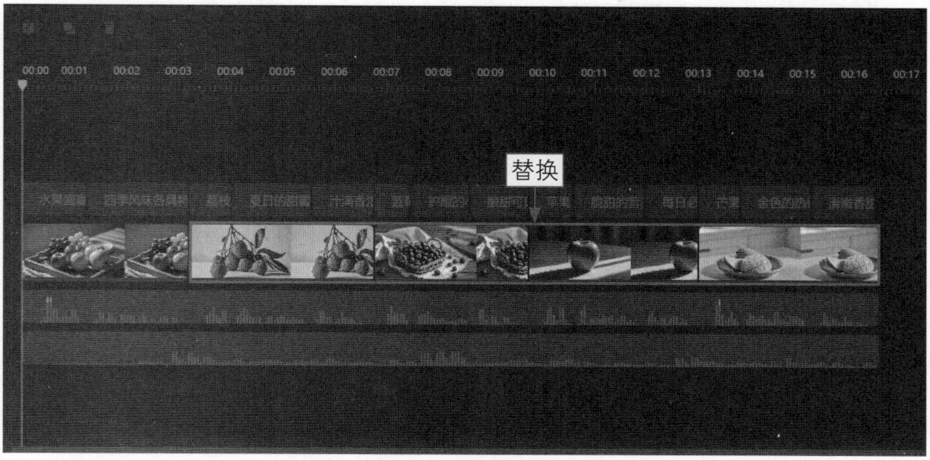

图 6-17　将素材按顺序进行替换的效果

6.2.3　合成并导出短视频

在腾讯智影中制作好短视频之后，创作者可以将制作的短视频进行合成和导出，下面介绍具体的操作方法。

扫码看视频

步骤 01 单击短视频编辑页面右上方的“合成”按钮，如图6-18所示，进行短视频的合成。

图 6-18　单击“合成”按钮（1）

步骤 02 在弹出的“合成设置”对话框中，❶设置短视频的名称和分辨率；❷单击“合成”按钮，如图6-19所示，进行短视频的合成。

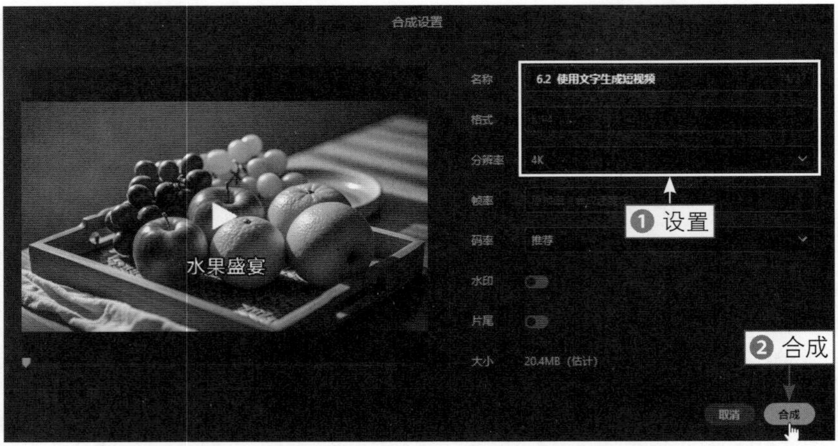

图 6-19　单击“合成”按钮（2）

步骤 03 执行操作后，会自动跳转至“我的资源”页面，并对短视频进行合成。合成短视频之后，单击对应短视频的封面，如图6-20所示，即可进入短视频预览页面，查看短视频的效果。

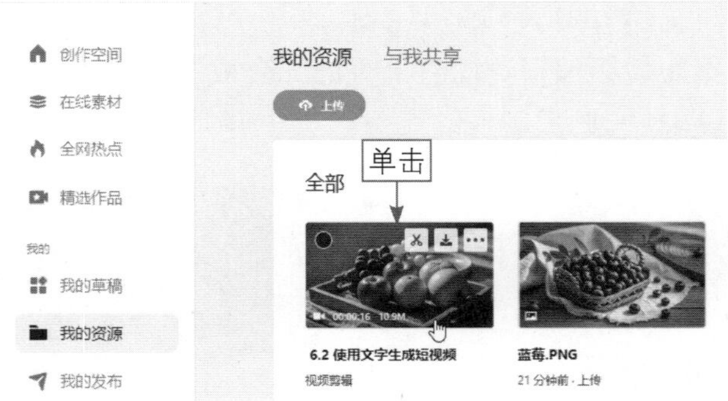

图 6-20　单击对应短视频的封面

6.3　使用模板生成数字人视频

【效果展示】使用腾讯智影的AI功能可以生成数字人的口播文案内容，然后通过文本来驱动腾讯智影数字人，使数字人更生动、有趣，让数字人更加符合观众的口味和需求，同时为短视频带货增添无限可能，效果如图6-21所示。

图 6-21 使用腾讯智影的模板生成的数字人短视频效果

6.3.1 选择数字人模板

扫码看视频

腾讯智影中的数字人模板是创作视频的重要资源，提供了多样化的选择和个性化定制的可能。这些模板涵盖了不同风格、职业、年龄和性别的数字人形象，从写实到卡通，从新闻主播到教师、客服等多种角色，应有尽有。创作者可以根据视频内容需求，选择合适的数字人模板，具体操作方法如下。

步骤 01 进入腾讯智影的“创作空间”页面，单击页面左上方的“数字人播报”按钮，如图6-22所示，启动“数字人播报”功能。

图 6-22 单击“数字人播报”按钮

步骤 02 执行操作后，进入相应的页面，弹出“模板”面板，单击“竖版”标签，如图6-23所示，切换至“竖版”选项卡。

图 6-23 单击“竖版”标签

步骤 03 滚动鼠标滚轮，在“竖版”选项卡中，选择一个合适的数字人模板，如图6-24所示。

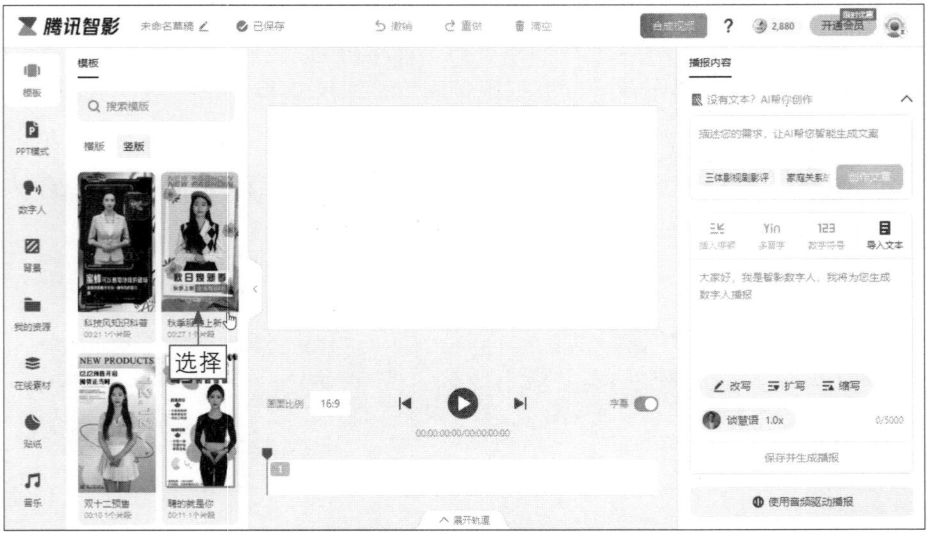

图 6-24 选择一个合适的数字人模板

步骤 04 单击数字人模板预览图，弹出“秋季服装上新”面板，预览模板效果。确认无误后，单击“应用”按钮，如图6-25所示。

图 6-25　单击“应用”按钮

步骤 05 执行操作后，即可应用对应的模板，如图6-26所示。

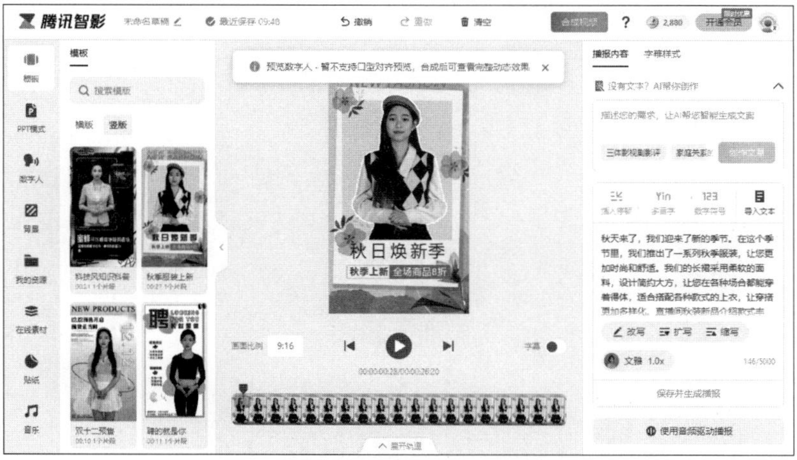

图 6-26　应用对应的模板

6.3.2　生成数字人文案

如果创作者对数字人模板中默认的语音播报文案不满意，可以使用腾讯智影的AI功能重新生成文案，此过程不仅提升了创作效率，还降低了人力成本。用户可根据需求对生成的文案进行调整，确保内容符合期望，具体操作步骤如下。

扫码看视频

步骤 01 在页面右侧的“播报内容”选项卡中，❶输入相应的提示词，如“秋季上新，全场7折，100字左右”，指导AI生成特定的播报内容；❷单击“创作文章”按钮，如图6-27所示，进行文案内容的生成。

图 6-27　单击“创作文章”按钮

步骤 02 执行操作后，即可使用AI功能重新生成数字人的语音播报内容，如图6-28所示。如果有需要，创作者还可以自行对语音播报内容进行调整。

图 6-28　重新生成数字人的语音播报内容

6.3.3　使用文本驱动数字人

使用腾讯智影的AI功能获得满意的文案后，接下来可以使用文本驱动数字人，将文字直接转化为生动逼真的数字人表演，提升观众体验，使信息传递更加高效、直观。下面介绍更改数字人的音色，并使

扫码看视频

用文本驱动数字人的操作方法。

步骤 01 在“播报内容”选项卡的底部，单击对应的音色按钮 文雅 1.0x ，如图6-29所示。

图 6-29　单击对应的音色按钮 文雅 1.0x

步骤 02 弹出“选择音色”面板，❶在其中选择一个合适的女声音色；❷单击“确认”按钮，如图6-30所示，确认使用该音色。

图 6-30　单击“确认”按钮

步骤 03 执行操作后，即可应用所选的音色，单击右下角的“保存并生成播报”按钮，如图6-31所示，将所选的音色与AI生成的文案内容应用于数字人播报中。

步骤 04 单击数字人视频下方的播放按钮▶，预览数字人播报效果，并试听数字人的音色，如图6-32所示。

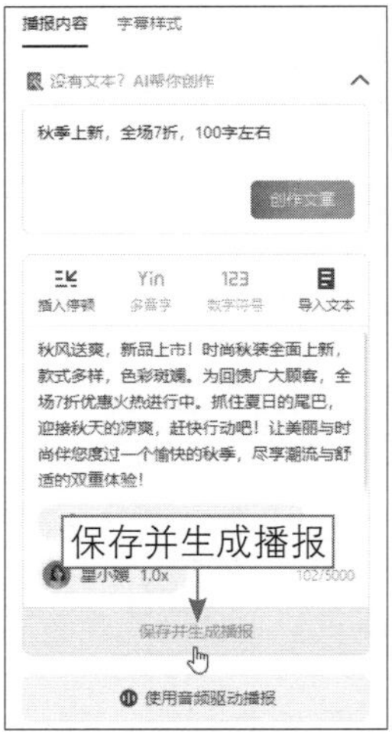

图 6-31　单击“保存并生成播报”按钮

图 6-32　试听数字人的音色

6.3.4　调整数字人视频的内容

因为是使用模板生成的数字人视频，所以创作者还需要根据实际情况，对数字人视频的内容进行调整，具体操作步骤如下。

扫码看视频

步骤 01 在页面的预览区中，选择要修改的文字信息，如图6-33所示。

步骤 02 ❶在页面右侧的文本框中输入文字信息；❷设置文字的字符信息，如图6-34所示，即可完成文字信息的修改。

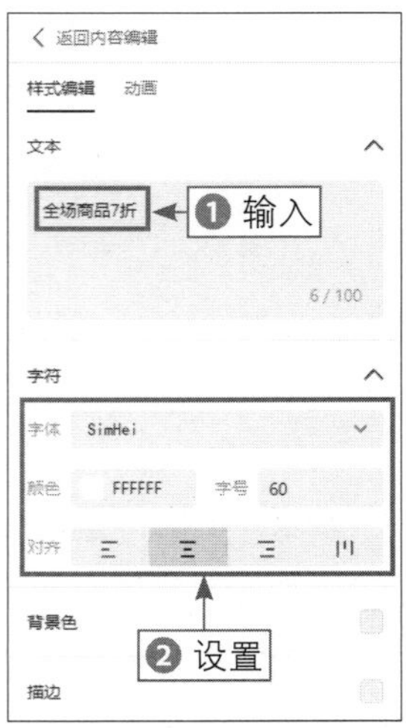

图 6-33　选择要修改的文字信息

图 6-34　设置文字的字符信息

步骤 03 单击页面下方的“展开轨道”按钮，如图6-35所示，展开数字人视频素材的轨道。

图 6-35　单击“展开轨道”按钮

步骤 04 ❶选择包含多余内容的素材；❷拖曳时间线至数字人素材的结束位置；❸单击“切割”按钮，如图6-36所示，对所选的素材进行分割。

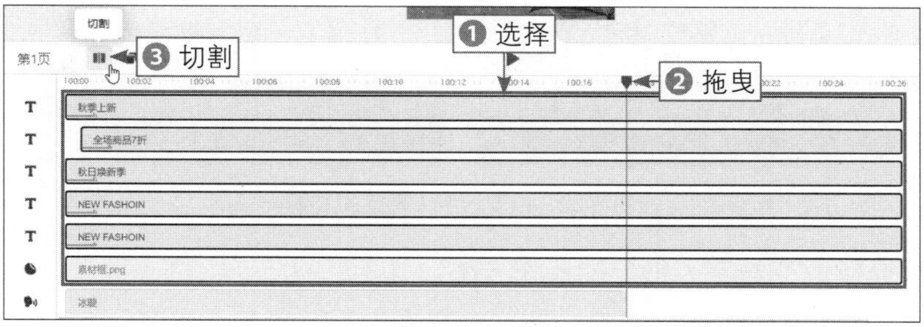

图 6-36　单击“切割”按钮

步骤 05 素材分割完成后，❶选择多余的素材；❷单击“删除”按钮，如图6-37所示，即可删除多余的素材，完成数字人视频的制作。

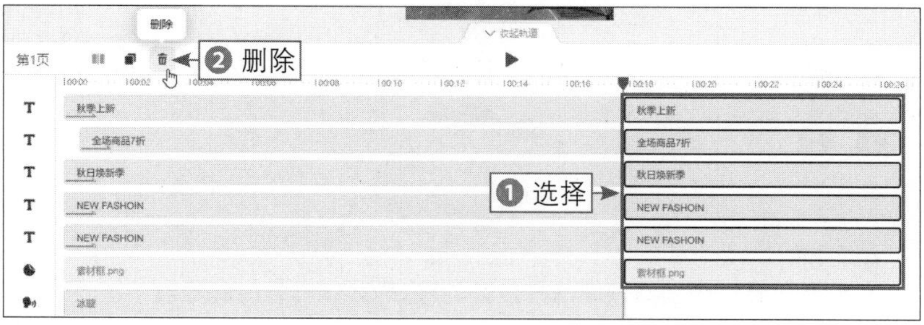

图 6-37　单击“删除”按钮

课后实训

扫码看视频

【效果展示】腾讯智影提供了多种数字人形象编辑工具，可以帮助创作者快速改变数字人的形象，效果如图6-38所示。

图 6-38　改变数字人形象的效果

下面介绍改变数字人形象的操作方法。

步骤 01 在页面的预览区中，选择需要修改的数字人，如图6-39所示。

图 6-39　选择需要修改的数字人

步骤 02 ❶单击“数字人”按钮，进入对应的面板；❷在“预置形象”选项卡中选择一个自己喜欢的数字人形象，如图6-40所示。

图 6-40　选择一个自己喜欢的数字人形象

步骤 03 稍等片刻，即可更换视频中的数字人形象，效果如图6-41所示。

图 6-41　更换视频中数字人形象的效果

步骤 04 ❶选择页面预览区中的数字人；❷切换至“数字人编辑”选项卡；❸单击对应的形状按钮，调整数字人的显示形状，如图6-42所示。

步骤 05 在页面右侧的面板中，❶切换至“画面”选项卡；❷设置各参数，调整数字人的显示效果，如图6-43所示。

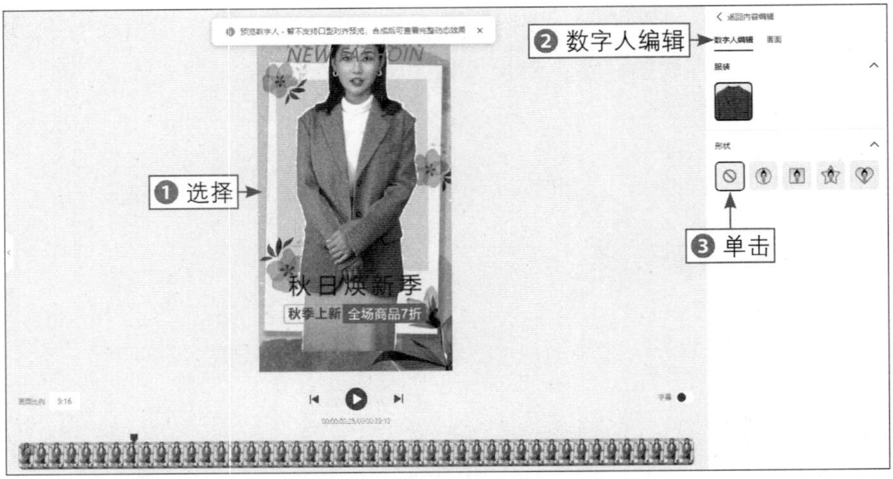

图 6-42　单击对应的形状按钮

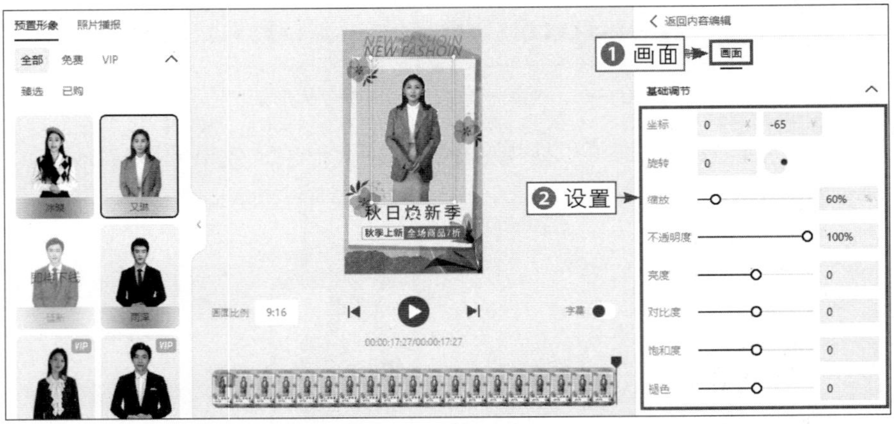

图 6-43　调整数字人的显示效果

温馨提示：

平台由腾讯官方提供，若有版本变化，请以实际使用的为主；若平台不能使用，可以参考剪映或者其他 AI 视频工具代替。

第 7 章　AI 剪辑处理：提升短视频的整体质量

随着版本的更新，剪映带来了更多的AI剪辑处理功能，这些功能可以帮助大家快速提升剪辑效率和短视频的整体质量。本章将为大家介绍画面和音频智能剪辑技巧，帮助大家快速提高AI短视频的剪辑效率。

7.1 短视频画面的剪辑处理

利用剪映中的AI剪辑功能可以快速对短视频画面进行剪辑处理，创作者只需稍等片刻，就可以制作出理想的画面效果。本节主要介绍AI短视频画面剪辑的常见技巧，包括识别字幕、识别歌词、智能调色、智能美妆和智能打光等。

7.1.1 识别字幕

扫码看视频

【效果展示】运用剪映电脑版的“识别字幕”功能识别出来的字幕，会自动生成在短视频画面的下方，效果如图7-1所示。

图 7-1 运用剪映电脑版“识别字幕”功能生成的字幕效果

下面介绍使用剪映电脑版智能识别短视频字幕的具体操作方法。

步骤 01 将短视频素材添加至剪映电脑版“媒体”功能区的“本地”选项卡中，单击短视频素材右下角的“添加到轨道”按钮，如图7-2所示，将短视频素材添加到视频轨道中。

图 7-2 单击“添加到轨道”按钮

步骤 02 ❶单击“文本”按钮，进入“文本”功能区；❷切换至“智能字幕”选项卡；❸单击“识别字幕”下方的“开始识别”按钮，如图7-3所示。

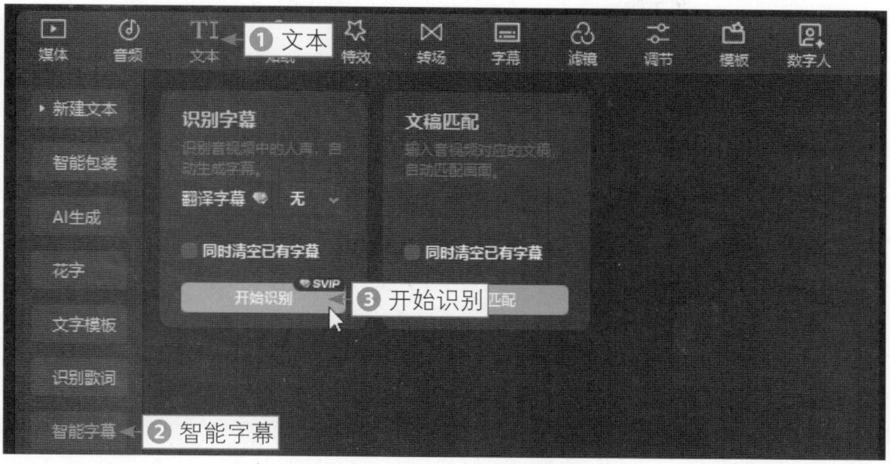

图 7-3　单击“开始识别”按钮

步骤 03 稍等片刻，即可识别并生成字幕，如图7-4所示。

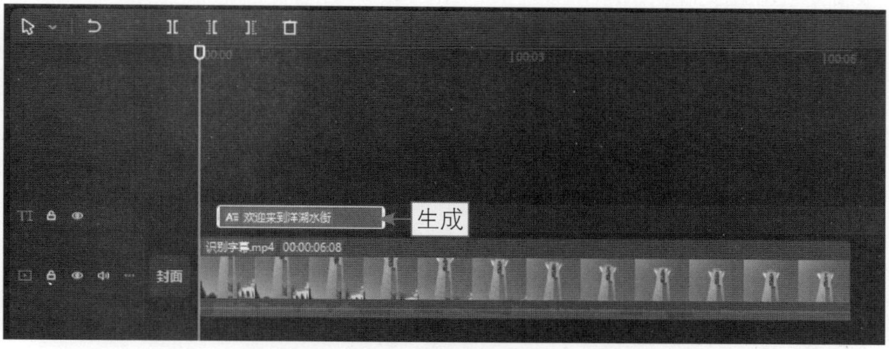

图 7-4　识别并生成字幕

步骤 04 选择生成的字幕，在“文本”选项卡中设置字幕的预设样式，如图7-5所示，完成短视频字幕的制作。

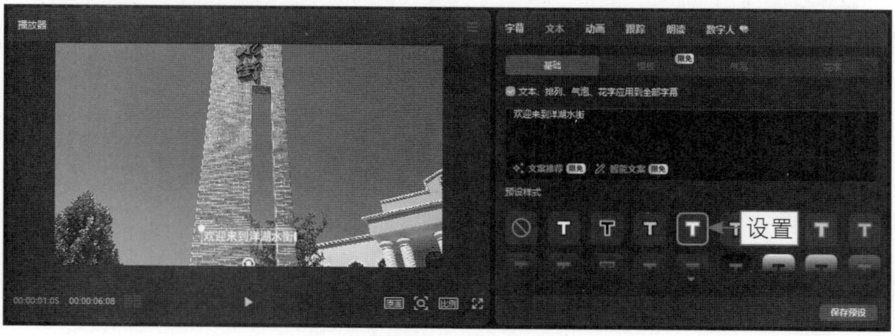

图 7-5　设置字幕的预设样式

7.1.2　识别歌词

扫码看视频

【效果展示】如果短视频中有清晰的中文歌曲背景音乐，可以使用剪映电脑版的“识别歌词”功能，快速识别出歌词字幕，省去了手动添加歌词字幕的操作，效果如图7-6所示。

图 7-6　运用剪映电脑版智能识别短视频歌词的效果

下面介绍使用剪映电脑版智能识别短视频歌词的具体操作方法。

步骤 01 将短视频素材添加至剪映电脑版“媒体”功能区的“本地”选项卡中，单击短视频素材右下角的“添加到轨道”按钮，如图7-7所示，即可将短视频素材添加到视频轨道中。

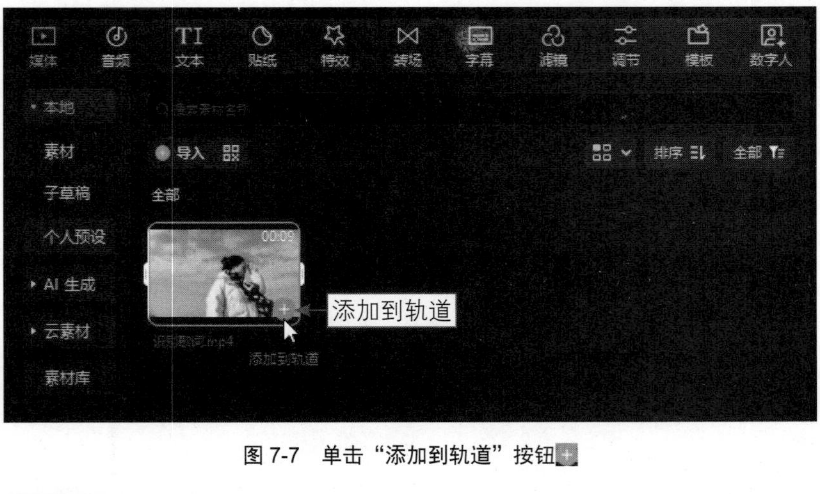

图 7-7　单击“添加到轨道”按钮

步骤 02 ❶单击“文本”按钮，进入“文本”功能区；❷切换至“识别歌词”选项卡；❸单击“识别歌词”按钮，如图7-8所示。

步骤 03 稍等片刻，即可识别并生成歌词，如图7-9所示。

步骤 04 选择生成的歌词，设置歌词的预设样式，如图7-10所示，即可完成短视频歌词的制作。

图 7-8　单击“识别歌词”按钮

图 7-9　识别并生成歌词

图 7-10　设置歌词的预设样式

7.1.3　智能调色

【效果展示】如果短视频的画面过曝或者欠曝，色彩也不够鲜艳，可以使用“智能调色”功能，对画面进行自动调色，原图与效果图对

扫码看视频

比如图7-11所示。

图 7-11　运用剪映电脑版进行智能调色的原图与效果图对比

下面介绍使用剪映电脑版调整短视频画面色彩的具体操作方法。

步骤 01 将短视频素材添加至剪映电脑版“媒体”功能区的“本地”选项卡中，单击短视频素材右下角的“添加到轨道”按钮，如图7-12所示，将短视频素材添加到视频轨道中。

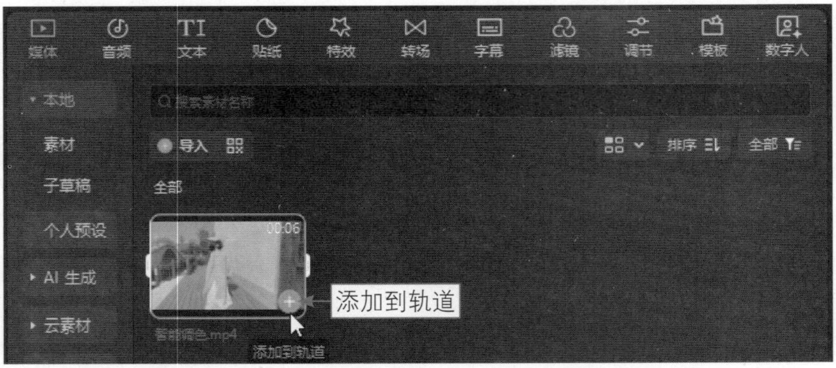

图 7-12　单击“添加到轨道”按钮

步骤 02 选择视频素材，❶单击“调节”按钮，进入“调节”操作区；❷选中“智能调色”复选框，如图7-13所示，即可进行智能调色。

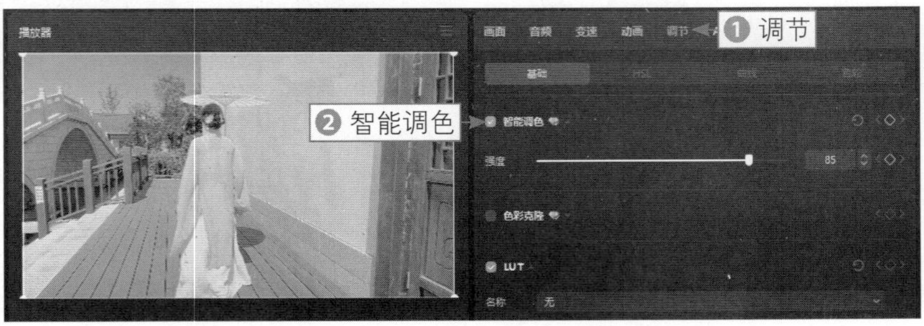

图 7-13　选中“智能调色”复选框

7.1.4　智能美妆

扫码看视频

【效果展示】“智能美妆”是一个美颜功能，使用这个功能可以快速为人物进行化妆，美化人物的面容，原图和效果图对比如图7-14所示。

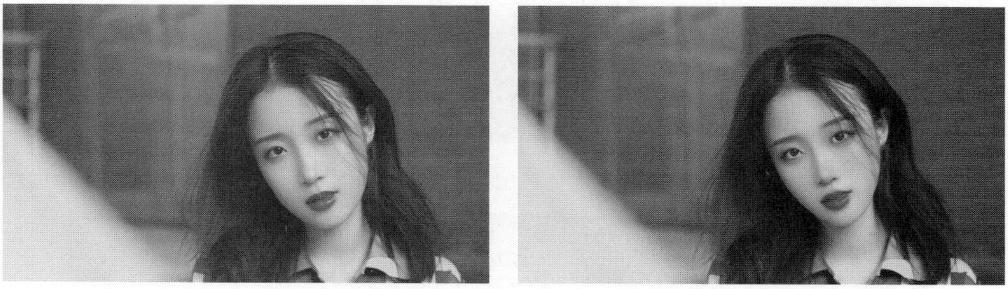

图 7-14　运用剪映电脑版美化人物面容的原图与效果图对比

下面介绍使用剪映电脑版智能美化人物面容的具体操作方法。

步骤 01 将短视频素材添加至剪映电脑版“媒体”功能区的“本地”选项卡中，单击短视频素材右下角的“添加到轨道”按钮，如图7-15所示，将短视频素材添加到视频轨道中。

图 7-15　单击“添加到轨道”按钮

步骤 02 选择视频素材，❶切换至“画面”操作区的“美颜美体”选项卡；❷选中“美妆”复选框；❸选择“腮红大法”选项，如图7-16所示，快速为人物化妆。

步骤 03 为了继续美化面容，❶可以选中“美颜”复选框；❷根据需求设置相关信息，如图7-17所示，让人物更具有观赏性。

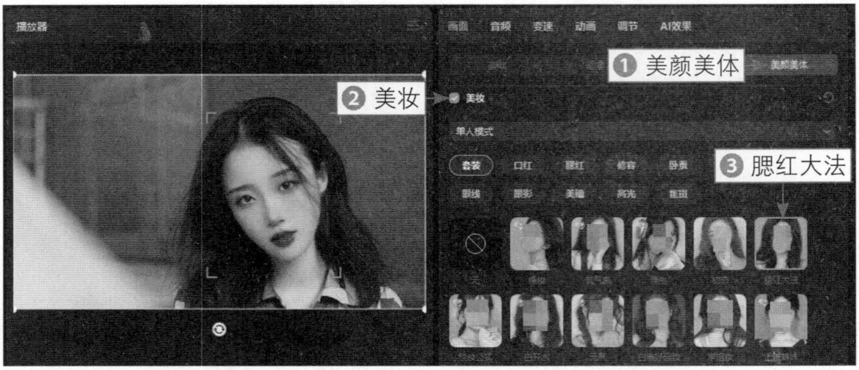

图 7-16　选择“腮红大法”选项

图 7-17　根据需求设置相关信息（1）

步骤 04 ❶除了美颜，还可以选中“美型”复选框；❷根据需求设置人物的面部信息，如图7-18所示，对人物的面部进行调整。

图 7-18　根据需求设置相关信息（2）

★ 专 家 提 醒 ★

有的妆容使用之后与原来的效果相差不大，对此创作者可以选择有明显差别的妆容，也可以在选择妆容之后，对人物进行“美颜”“美型”等设置。

7.1.5　超清画质

【效果展示】如果短视频的画面不够清晰，可以使用剪映电脑版中的“超清画质”功能，修复短视频，让短视频画面变得更加清晰，原图与效果图对比如图7-19所示。

扫码看视频

图 7-19　运用剪映电脑版进行超清画质处理的原图与效果图对比

下面介绍使用剪映电脑版智能修复短视频画面的具体操作方法。

步骤 01 将短视频素材添加至剪映电脑版“媒体”功能区的“本地”选项卡中，单击短视频素材右下角的“添加到轨道”按钮，如图7-20所示，将短视频素材添加到视频轨道中。

图 7-20　单击“添加到轨道”按钮

步骤 02 选中“画面”操作区中的“超清画质”复选框，如图7-21所示，即可修复视频画面，让短视频变得更加清晰。

图 7-21　选中“超清画质”复选框

7.1.6　智能打光

【效果展示】如果拍摄前期缺少打光操作，在剪映中可以使用“智能打光”功能，为画面增加光源，营造环境氛围光。“智能打光”功能有多种不同的光源和类型可选，创作者只需根据自身需求选择即可，原图与效果图对比如图7-22所示。

扫码看视频

图 7-22　运用剪映电脑版“智能打光”功能营造环境氛围光的原图和效果图对比

下面介绍使用剪映电脑版“智能打光”功能营造环境氛围光的具体操作方法。

步骤 01 将短视频素材添加至剪映电脑版“媒体”功能区的“本地”选项卡中，单击短视频素材右下角的“添加到轨道”按钮，如图7-23所示，将短视频素材添加到视频轨道中。

步骤 02 在“画面”操作区中，❶选中“智能打光”复选框；❷选择合适的打光方式，如选择“温柔面光”选项，如图7-24所示。

步骤 03 ❶拖曳打光圆环至人物的脸上；❷设置打光的信息，如图7-25所示，稍等片刻，即可为人物打光。

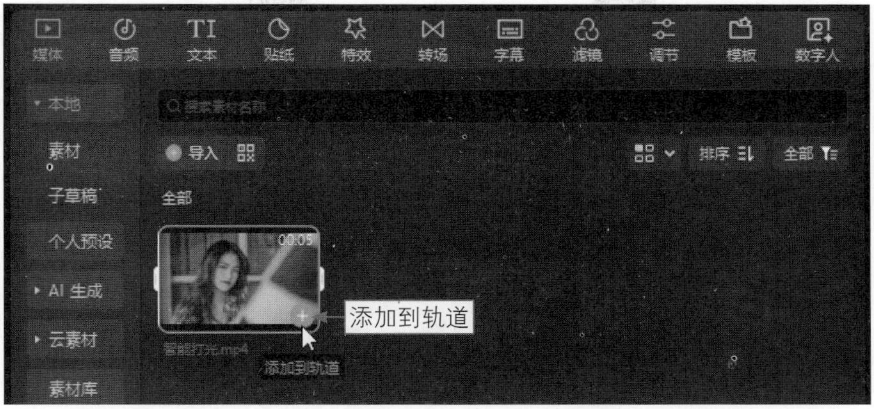

图 7-23　单击“添加到轨道”按钮

图 7-24　选择“温柔面光”选项

图 7-25　设置打光的信息

7.1.7 智能裁剪

扫码看视频

【效果展示】利用“智能裁剪”功能可以更改短视频的比例，同时自动追踪主体，让主体保持在最佳位置。在剪映电脑版中进行短视频的比例调整的原图与效果图对比如图7-26所示。

图 7-26　裁剪短视频比例的原图与效果图对比

下面介绍使用剪映电脑版裁剪视频比例的具体操作方法。

步骤 01 进入剪映电脑版的“首页”界面，单击界面中的“智能裁剪”按钮，如图7-27所示。

图 7-27　单击“智能裁剪”按钮

步骤 02 弹出“智能裁剪”对话框，单击“导入视频”按钮，如图7-28所示。

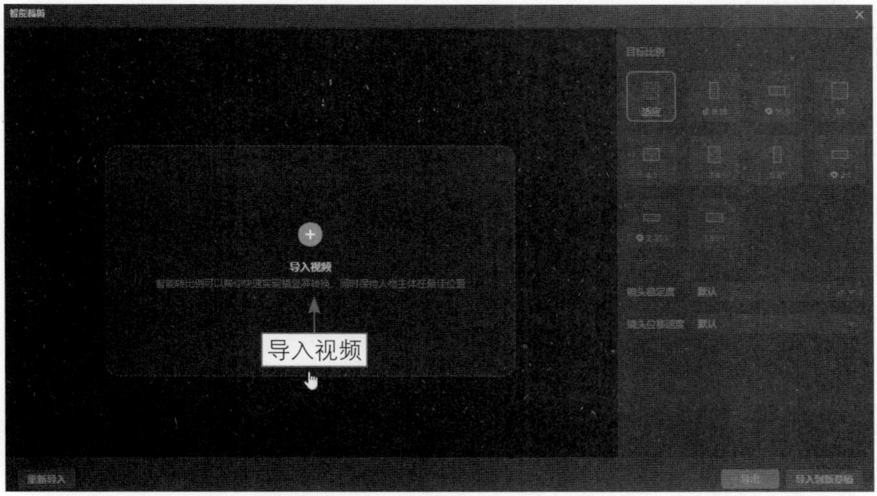

图 7-28　单击“导入视频”按钮

步骤 03 弹出“打开”对话框，在相应的文件夹中，❶选择短视频素材；❷单击“打开”按钮，如图7-29所示，导入短视频。

图 7-29　单击“打开”按钮

步骤 04 在“智能裁剪”对话框中，❶选择“9：16”选项，调整短视频的比例；❷设置“镜头稳定度”为“稳定”，如图7-30所示。

步骤 05 设置“镜头位移速度”为“更慢”，如图7-31所示，继续稳定画面。

步骤 06 单击“导出”按钮，如图7-32所示，将调整后的短视频导出。

图 7-30　设置“镜头稳定度”为“稳定”

图 7-31　设置“镜头位移速度”为“更慢”

图 7-32　单击“导出”按钮

步骤 07 弹出“另存为”对话框，选择相应的文件夹，❶输入文件名称；❷单击“保存”按钮，如图7-33所示，即可将成品短视频导出至相应的文件夹。

图7-33　单击“保存”按钮

7.2　短视频音频的剪辑处理

一条成功的短视频离不开音频的配合，音频可以增加现场的真实感，塑造人物形象和渲染场景氛围。在剪映中，不仅可以添加音频，还可以对声音进行智能处理，比如进行人声美化、人声分离、改变音色、智能剪口播等，让短视频更动听。

7.2.1　人声美化

扫码看视频

【效果展示】在剪映中，可以对视频中的人声进行美化处理，让人声呈现出更好的效果，效果如图7-34所示。

图7-34　美化人声的短视频效果

下面介绍使用剪映电脑版智能美化人声的具体操作方法。

步骤 01 将短视频素材添加至剪映电脑版"媒体"功能区的"本地"选项卡中，单击短视频素材右下角的"添加到轨道"按钮，如图7-35所示，将短视频素材添加到视频轨道中。

图 7-35　单击"添加到轨道"按钮

步骤 02 ❶单击"音频"按钮，进入"音频"操作区；❷选中"基础"选项卡中的"人声美化"复选框，如图7-36所示。

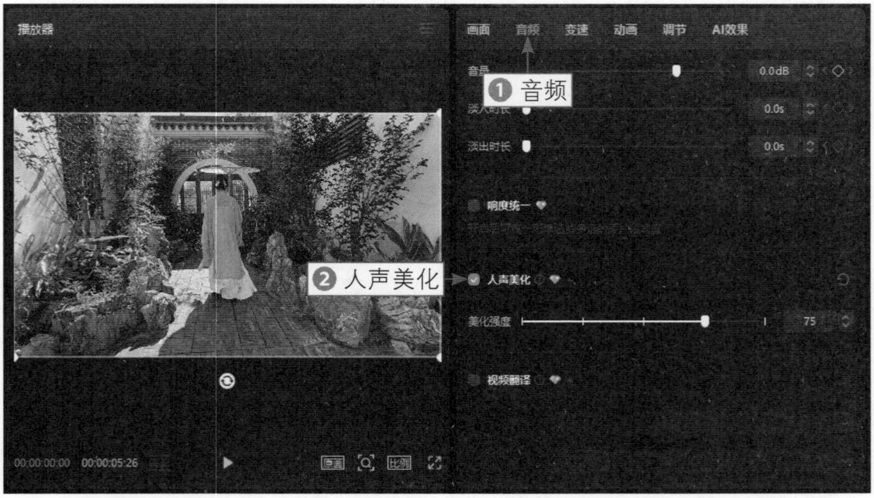

图 7-36　选中"人声美化"复选框

步骤 03 设置美化的强度，如图7-37所示，即可对短视频中的人声进行美化。

图 7-37　设置美化的强度

7.2.2　人声分离

【效果展示】如果短视频中的音频同时有人声和背景音，可以使用“人声分离”功能，仅保留短视频中的人声或者背景音，从而满足大家的声音创作需求，效果如图7-38所示。

扫码看视频

图 7-38　运用剪映电脑版“人声分离”功能的短视频效果

下面介绍使用剪映电脑版“人声分离”功能的具体操作方法。

步骤 01 将短视频素材添加至剪映电脑版“媒体”功能区的“本地”选项卡中，单击短视频素材右下角的“添加到轨道”按钮，如图7-39所示，将短视频素材添加到视频轨道中。

步骤 02 ❶单击“音频”按钮，进入“音频”操作区；❷选中“人声分离”复选框，如图7-40所示，即可将音频中的背景音分离出来并删除。

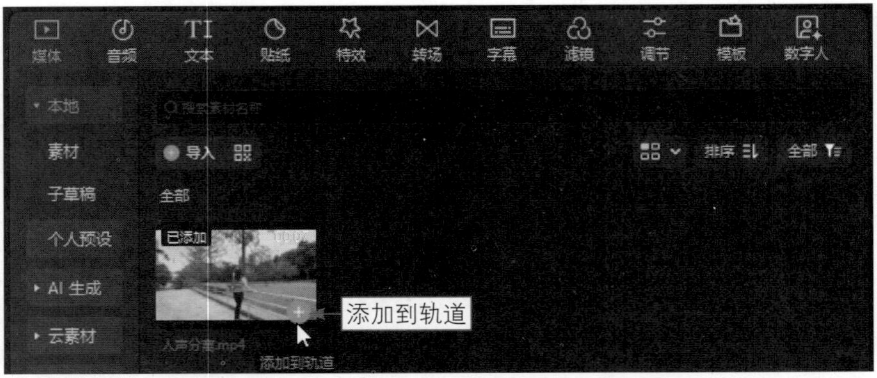

图 7-39　单击“添加到轨道”按钮

图 7-40　选中“人声分离”复选框

7.2.3　改变音色

【效果展示】如果创作者对原声的音色不是很满意，或者想改变音频的音色，可以使用AI改变音频的音色，实现“魔法变声”，效果如图7-41所示。

扫码看视频

图 7-41　运用剪映电脑版智能改变人物音色的短视频效果

★ 专家提醒 ★

智能改变人物音色比较适合人物说话、朗读的短视频，如果是人物唱歌的短视频，改变音色之后的效果可能会欠佳。

下面介绍使用剪映电脑版智能改变人物音色的具体操作方法。

步骤 01 将短视频素材添加至剪映电脑版"媒体"功能区的"本地"选项卡中，单击短视频素材右下角的"添加到轨道"按钮，如图7-42所示，将短视频素材添加到视频轨道中。

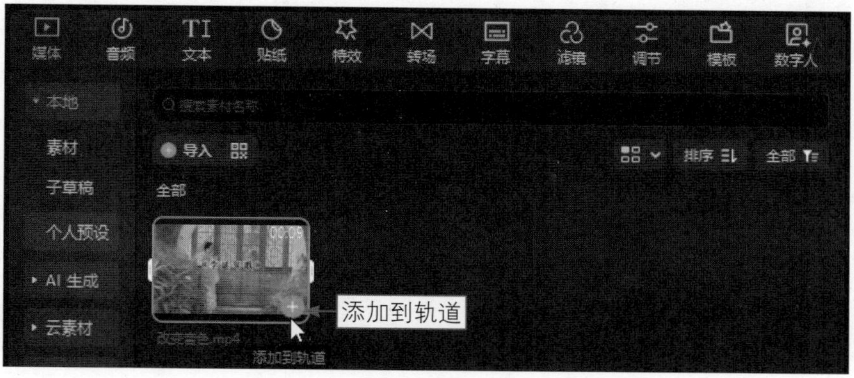

图 7-42　单击"添加到轨道"按钮

步骤 02 ❶单击"音频"按钮，进入"音频"操作区；❷单击"声音效果"按钮，如图7-43所示，进行选项卡的切换。

图 7-43　单击"声音效果"按钮

步骤 03 在"音色"选项卡中选择合适的音色选项，如选择"文艺女声"选项，如图7-44所示，即可改变短视频中人物的音色。

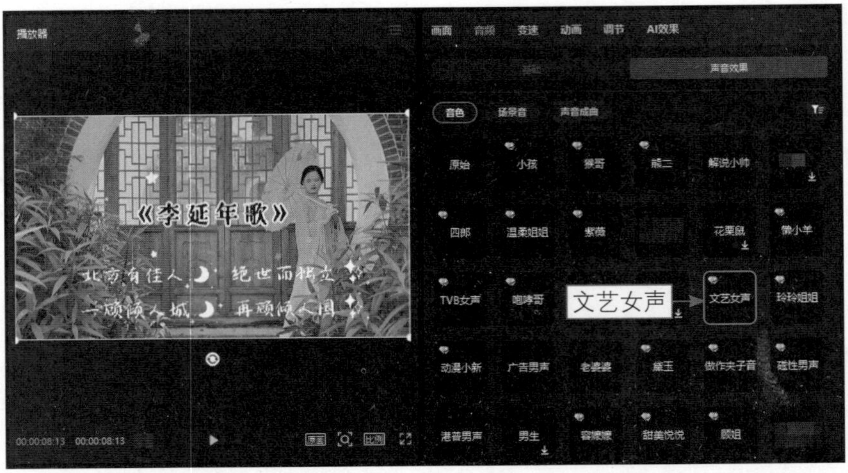

图 7-44　选择“文艺女声”选项

7.2.4　匹配场景音

扫码看视频

【效果展示】在剪映的“场景音”选项卡中，有许多AI声音处理效果，创作者可以根据短视频的内容添加合适的场景音，效果如图7-45所示。

图 7-45　运用剪映电脑版为短视频匹配场景音的画面效果

下面介绍使用剪映电脑版匹配场景音的具体操作方法。

步骤 01 将短视频素材添加至剪映电脑版“媒体”功能区的“本地”选项卡中，单击短视频素材右下角的“添加到轨道”按钮，如图7-46所示，将短视频素材添加到视频轨道中。

步骤 02 进入“音频”操作区的“声音效果”选项卡，单击“场景音”按钮，如图7-47所示，进行选项卡的切换。

步骤 03 切换至“场景音”选项卡，选择合适的场景音效果，如选择“空灵感”选项，如图7-48所示，即可为短视频匹配对应的场景音。

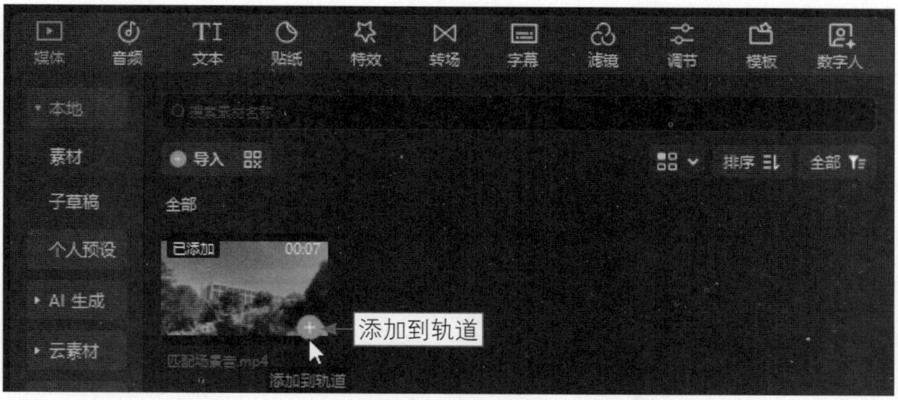

图 7-46　单击“添加到轨道”按钮

图 7-47　单击“场景音”按钮

图 7-48　选择“空灵感”选项

7.2.5 智能剪口播

【效果展示】利用剪映中的“智能剪口播”功能可以快速提取口播视频中的语气词和重复用词，快速删除不需要的内容，提升口播视频的质量，效果如图7-49所示。

扫码看视频

图7-49　运用剪映电脑版智能剪辑口播短视频的画面效果

下面介绍使用剪映电脑版智能剪辑口播短视频内容的具体操作方法。

步骤01 将短视频素材添加至剪映电脑版“媒体”功能区的“本地”选项卡中，单击短视频素材右下角的“添加到轨道”按钮+，如图7-50所示，将短视频素材添加到视频轨道中。

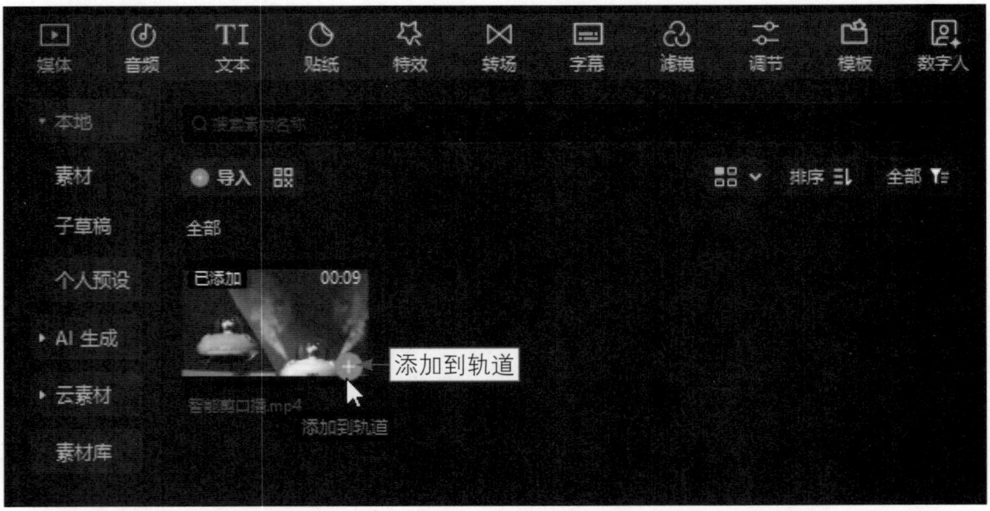

图7-50　单击“添加到轨道”按钮+

步骤02 选择短视频素材，单击鼠标右键，在弹出的快捷菜单中选择“智能剪口播”选项，如图7-51所示。

步骤03 执行操作后，在“文本”操作区中单击“标记无效片段”按钮，如

图7-52所示，让剪映标记短视频中无效的片段。

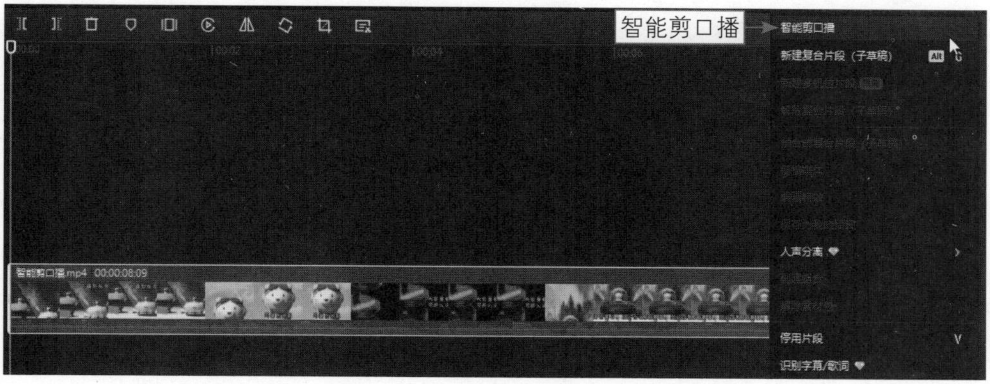

图 7-51 选择“智能剪口播”选项

步骤 04 在新弹出的面板中，❶选中需要删除的内容对应的复选框；❷单击“删除”按钮，如图7-53所示，即可删除无效的片段。

图 7-52 单击“标记无效片段”按钮

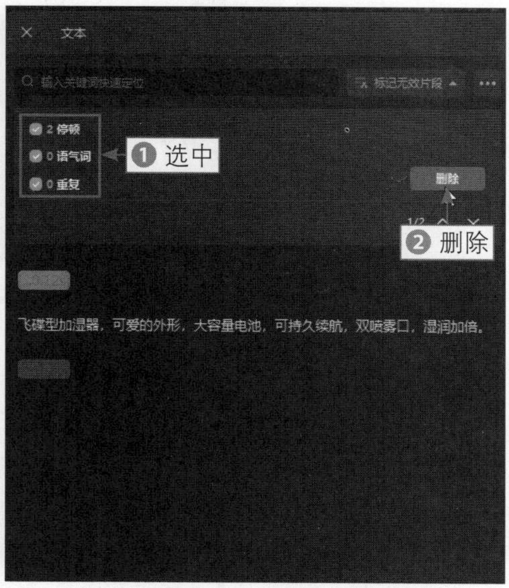

图 7-53 单击“删除”按钮

7.2.6 添加朗读音频

【效果展示】在一些素材中，创作者可以通过智能朗读来为短视频添加音频，用美声来打动观众，效果如图7-54所示。

扫码看视频

图 7-54　运用剪映电脑版智能朗读为短视频添加音频的效果

下面介绍使用剪映电脑版智能朗读为短视频添加音频的具体操作方法。

步骤 01 将短视频素材添加至剪映电脑版“媒体”功能区的“本地”选项卡中，单击短视频素材右下角的“添加到轨道”按钮，如图7-55所示，将短视频素材添加到视频轨道中。

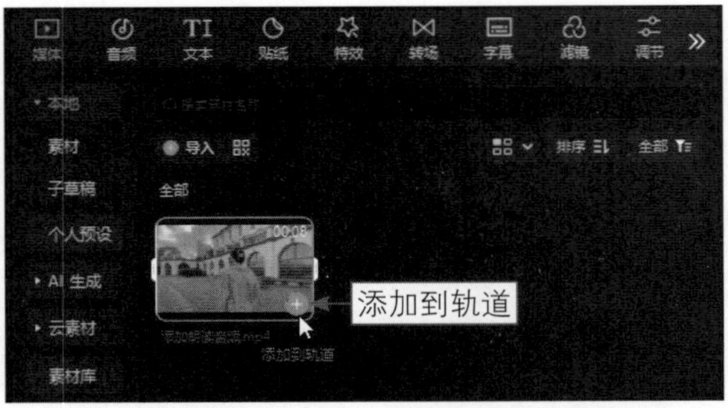

图 7-55　单击“添加到轨道”按钮

步骤 02 单击“文本”按钮，进入“文本”功能区，单击“默认文本”右下角的“添加到轨道”按钮，添加文本素材，并选择文本素材，如图7-56所示。

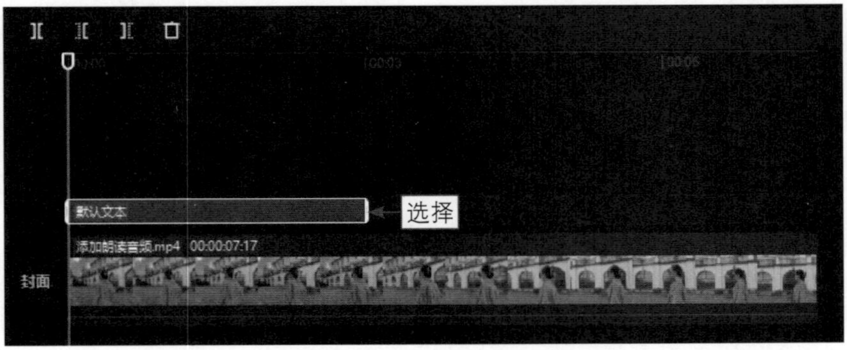

图 7-56　选择文本素材

步骤 03 进入“文本”操作区，在输入框中输入文案内容，如图7-57所示。

图 7-57　输入文案内容

步骤 04 单击“朗读”按钮，如图7-58所示，进行操作区的切换。

图 7-58　单击“朗读”按钮

步骤 05 在“朗读”操作区中选择合适的朗读音色，❶如选择“磁性男声”音色；❷单击“开始朗读”按钮，如图7-59所示，生成配音音频。

图 7-59　单击“开始朗读”按钮

步骤06 如果音频轨道中显示对应的音频信息，就说明朗读音频添加成功了，如图7-60所示。

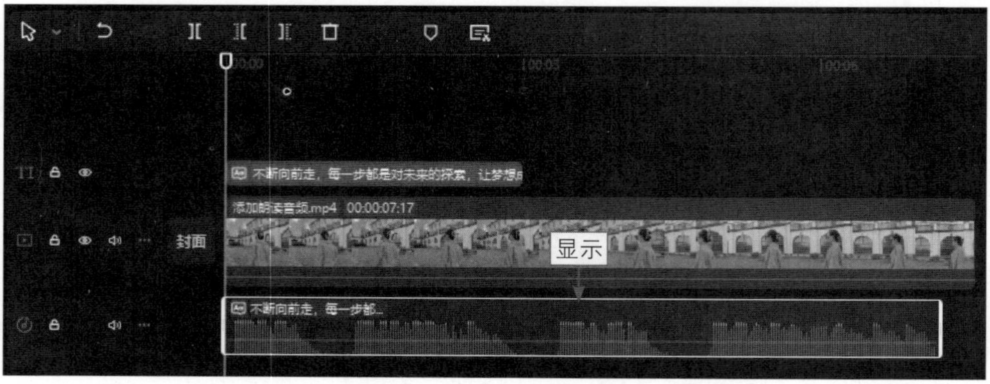

图 7-60 朗读音频添加成功

步骤07 ❶选择文本素材；❷单击“删除”按钮，如图7-61所示，把多余的文字信息删除。

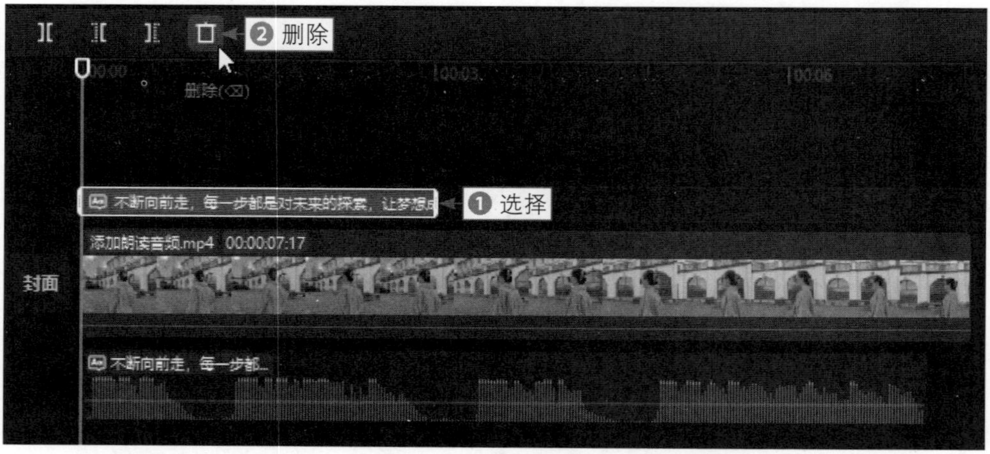

图 7-61 单击“删除”按钮

课后实训

【效果展示】大家在抖音时经常看到一些运镜效果非常酷炫的跳舞视频，如何才能做出这样的效果呢？在剪映电脑版中，使用“智能运镜”功能，可以让短视频的画面变得动感起来，效果如图7-62所示。

扫码看视频

下面介绍使用剪映电脑版的“智能运镜”功能提升画面动感效果的具体操作方法。

步骤 01 将短视频素材添加至剪映电脑版“媒体”功能区的“本地”选项卡中，单击短视频素材右下角的“添加到轨道”按钮➕，如图7-63所示，将短视频素材添加到视频轨道中。

步骤 02 在“画面”操作区中，❶选中“智能运镜”复选框；❷选择合适的运镜方式，如图7-64所示，稍等片刻，即可为短视频应用对应的运镜方式。

图 7-62　运用剪映电脑版的“智能运镜”功能提升短视频画面的动感效果

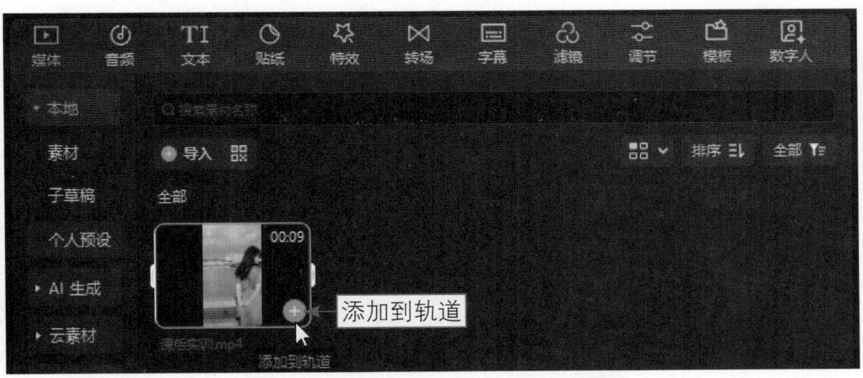

图 7-63　单击“添加到轨道”按钮➕

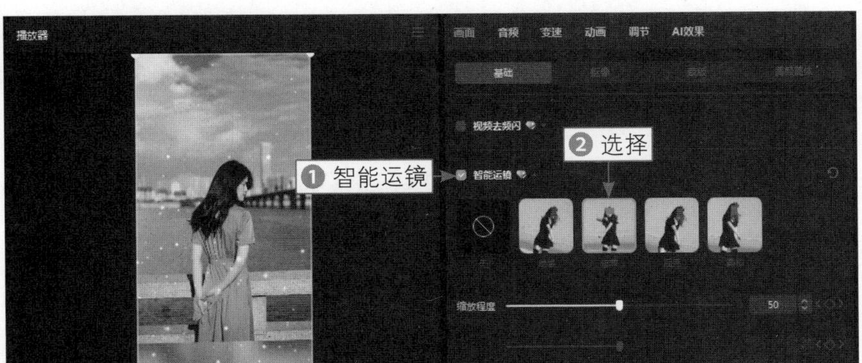

图 7-64　选择合适的运镜方式

第 8 章　运营技巧：打造超人气的 AI 短视频

打造高人气的短视频不仅是内容创作的延续，更是将优质内容推向更广阔舞台的关键。而掌握高效的运营策略，就如同为短视频插上了翅膀，能让其飞得更高、更远。本章将详细介绍短视频发布的前期准备和注意事项，以及账号和短视频的引流推广等内容，帮助用户打造出高人气的短视频。

8.1　发布短视频的前期准备

在利用AI技术生成短视频之前，精心准备和细致规划是确保最终作品能够吸引目标用户、传递有效信息并达到预期效果的关键。本节主要介绍发布AI短视频的前期准备，帮助用户轻松打造出高质量的视频效果。

8.1.1　分析目标用户

扫码看视频

在创作AI短视频的过程中，分析目标用户是至关重要的一步，它不仅决定了内容的方向、风格和语言，还会直接影响内容的传播效果。明确短视频内容是为哪一类人群设计的，并深入了解用户群体，可以增强内容的针对性和吸引力，提高内容的传播效果。下面对分析目标用户的重要性进行相关介绍，如图8-1所示。

定制化内容 →	了解目标用户的喜好、需求和习惯，能够让创作者创作出更符合他们口味的短视频内容，提高短视频的吸引力和共鸣度
精准营销 →	基于用户分析，可以制定更加精准的营销策略，选择合适的推广渠道和方式，提高短视频的营销效率和投资回报率
增强互动 →	了解用户的反馈和意见，有助于创作者更好地与他们互动，建立更加紧密的联系，增强用户黏性和忠诚度

图 8-1　目标用户分析的重要性

下面以图解的方式分析短视频的目标用户，如图8-2所示。

明确用户的定位 →	需要明确用户群体的基本信息，包括用户的年龄、性别、地域、职业、兴趣爱好等基本信息。如果短视频是关于时尚潮流的，那么目标用户可能是年轻女性；如果是关于科技产品的，则可能更吸引科技爱好者和年轻男性
分析用户的需求 →	在明确了用户定位后，需要进一步分析他们的具体需求，包括他们在观看短视频时想要获得的信息、娱乐、教育或其他类型的价值。通过市场调研、用户反馈等方式，可以收集到大量关于用户需求的数据
探索用户的兴趣 →	用户的兴趣和偏好是短视频内容创作的核心驱动力。通过社交媒体等渠道，可以了解到用户对哪些话题、哪种风格更感兴趣。这些信息对于制定内容策略、设计视觉效果等都具有重要的指导意义。例如，用户对搞笑的内容情有独钟，创作者可以尝试在 AI 短视频中融入更多的幽默元素

图 8-2

了解用户的习惯 → 用户的行为习惯也是短视频创作者需要重点关注的，包括他们观看短视频的时间段、时长、频率、互动方式等。通过数据分析工具，可以获取这些关键指标的数据，从而帮助创作者更好地安排发布时间、控制视频时长、提高互动率等

洞察用户的心理 → 通过深入了解用户的心理特征，可以更加精准地把握他们的情感共鸣点和痛点，从而创作出更加有深度的 AI 短视频内容。例如，如果用户对环保和可持续发展有较高的关注度，那么可以制作一些与环保相关的短视频来传递正能量

图 8-2　分析短视频的目标用户

综上所述，短视频的目标用户分析是一个全面而深入的过程，通过明确用户的定位、分析用户的需求、探索用户的兴趣、了解用户的习惯和洞察用户的心理，可以更加精准地把握用户的需求和喜好，从而创作出更加符合他们口味的AI短视频内容。

8.1.2　进行内容策划

AI短视频的内容策划是确保视频能够吸引用户、引起共鸣并广泛传播的关键步骤。在内容策划过程中，获取热门的短视频主题至关重要，因为它直接关系到用户的兴趣点和关注度。下面对如何获取热门短视频的主题进行相关介绍。

扫码看视频

1. 紧跟时事热点

时事热点是吸引用户注意力的天然磁石，通过关注新闻、社交媒体趋势、热门话题等渠道，可以及时发现并紧跟时事热点。将时事热点融入AI短视频内容中，不仅能够吸引大量的关注，还能增强视频的时效性和话题性。例如，重大节日、体育赛事、社会事件、流行文化等都可以成为短视频的创作主题。

2. 借鉴竞品与成功案例

竞品与成功案例是获取热门短视频主题的重要参考，通过分析同领域内的竞品和成功案例，可以了解当前市场的热门主题、流行元素和创作趋势。借鉴并不意味着完全复制，而是要在学习的基础上进行创新，形成自己独特的风格和特色。

例如，创作者可以观察竞品短视频的标题、封面、内容结构和叙事方式，寻找需要借鉴和改进的地方。

3. 利用创意工具和平台

在策划AI短视频内容的过程中，可以利用各种创意工具与平台来激发灵感和获取热门主题。例如，短视频平台通常会提供热门活动榜、热门话题榜、挑战赛

等功能，这些功能可以帮助创作者了解当前最热门的话题和趋势。

创作者还可以使用一些在线创意工具来生成视频脚本、设计视觉效果等。此外，还可以关注一些专业的创意网站、社交媒体账号或论坛，这些地方经常会有新的创意和想法涌现。

4. 鼓励用户参与反馈

用户是AI短视频内容的最终接收者和传播者，他们的意见和反馈对于获取热门主题具有重要意义。因此，在策划内容的过程中，应该积极鼓励用户参与和反馈。创作者可以通过社交媒体、评论区、问卷调查等方式收集用户的意见和建议，了解他们对短视频内容的喜好和期望。根据用户的反馈对内容进行调整和优化，可以使短视频更加贴近用户需求和市场趋势。

综上所述，获取热门的短视频主题需要紧跟时事热点、借鉴竞品与成功案例、利用创意工具与平台，以及鼓励用户参与反馈等多方面的努力。通过这些方法，创作者可以不断挖掘新的创作灵感和热门主题，为短视频的成功传播奠定坚实的基础。

8.1.3　准备素材文件

扫码看视频

在AI短视频制作中，素材文件的准备是至关重要的一环。随着人工智能技术的不断发展，AI辅助下的高效素材收集与筛选已成为现实，这也极大地提升了短视频创作的效率和质量。利用AI技术，可以实现对海量视频、图片、音乐等素材的智能创作，创作者只需输入关键词或描述，AI便能快速生成符合需求的短视频素材。

在AI的辅助下收集素材不再局限于单一平台，而是能够整合多个平台的资源，为创作者提供更加丰富的选择。创作者可以通过AI短视频创作工具，如即梦AI、可灵AI、腾讯智影及剪映等，一键获取想要的视频素材，满足不同的创作需求。图8-3所示为即梦AI平台中的短视频资源。

图 8-3　即梦 AI 平台中的短视频资源

8.1.4 预览短视频内容

扫码看视频

在正式生成AI短视频之前，需要进行多次预览和测试，确保最终的成品没有瑕疵。比如检查视频的画质、音频质量、流畅度等是否达标，以确保用户能获得良好的观看体验。

创作者还需要对视频内容进行全面审核，确保无敏感信息、错别字、侵权内容等，维护品牌形象和版权安全；在小范围内邀请目标用户观看测试版视频，快速收集他们的反馈意见，并根据反馈进行必要的调整和优化；还要确保视频能在不同平台、不同设备上正常播放，避免因格式兼容性问题导致用户流失。

8.1.5 分析爆款短视频

扫码看视频

通过分析已经成功的爆款短视频，可以提炼出它们受欢迎的共同因素，如创意构思、叙事结构、视觉呈现、音乐选择、情感共鸣点等，为自己的短视频创作提供有价值的参考和灵感。下面介绍分析爆款短视频的步骤，如图8-4所示。

选择样本	为了确保分析结果的全面性，应挑选来自不同的领域（如娱乐、教育、科技、美食等），但均表现出色的短视频作为分析对象
内容拆解	对每个视频进行细致拆解，包括开头吸引点、中间转折、高潮设计、结尾留白等
元素归纳	总结这些视频中的共通元素，如幽默元素、情感共鸣、实用技巧、新奇视角等
技术分析	分析视频的拍摄技术、剪辑节奏和节奏感，探讨如何通过剪辑技巧使视频内容更加紧凑、流畅且富有感染力
市场反馈	结合用户的评论、点赞、分享等数据，评估用户对视频内容的喜爱程度和传播意愿，并从中汲取灵感和经验

图 8-4 分析爆款短视频的步骤

8.1.6 对短视频进行监测

扫码看视频

利用AI工具监测热门话题是一个高效且精准的过程，它结合了大数据分析、自然语言处理、机器学习等先进技术，能够实时捕捉并分析互联网上的热点信息。创作者可以通过数据分析平台、深度学习模型、AI视频分析引擎及关键词竞争度分析等方法，来监测热门的短视频。例如，创作者可以通过秘塔AI搜索工具搜索某段时间比较热门的短视频类型，具体操作步骤如下。

步骤 01 进入秘塔AI搜索官网默认页面，❶在搜索框中输入提示词；❷单击➔按钮，如图8-5所示，对相关信息进行搜索。

图 8-5　单击➔按钮

步骤 02 执行操作后，即可通过信息搜索，了解某段时间比较受欢迎的短视频类型，如图8-6所示。

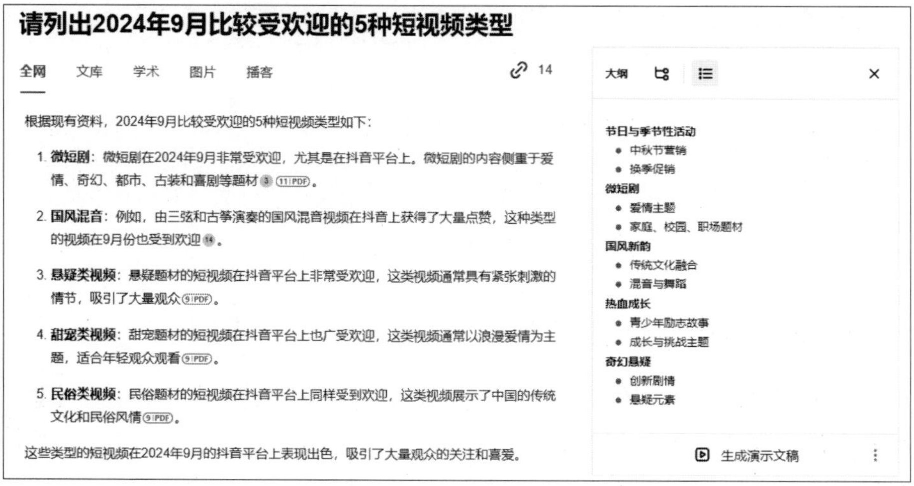

图 8-6　了解某段时间比较受欢迎的短视频类型

另外，天工AI也是一款功能强大的热点监测工具，以其实时性强的搜索能力著称，能够迅速回答当前热点问题，同时提供多样化的搜索模式，以满足用户全面且个性化的信息需求。

天工AI的官网提供了热点问题推荐功能，这进一步证明了其具备强大的热门话题监测能力，能够精准地向用户推送当前的热点关键词及相关信息。

8.1.7 将热点融入短视频中

扫码看视频

在监测和分析热门短视频后，还需要进行创新融合，将热点融入短视频中，这是提升内容吸引力和传播效果的关键策略。下面进行相关分析，如图8-7所示。

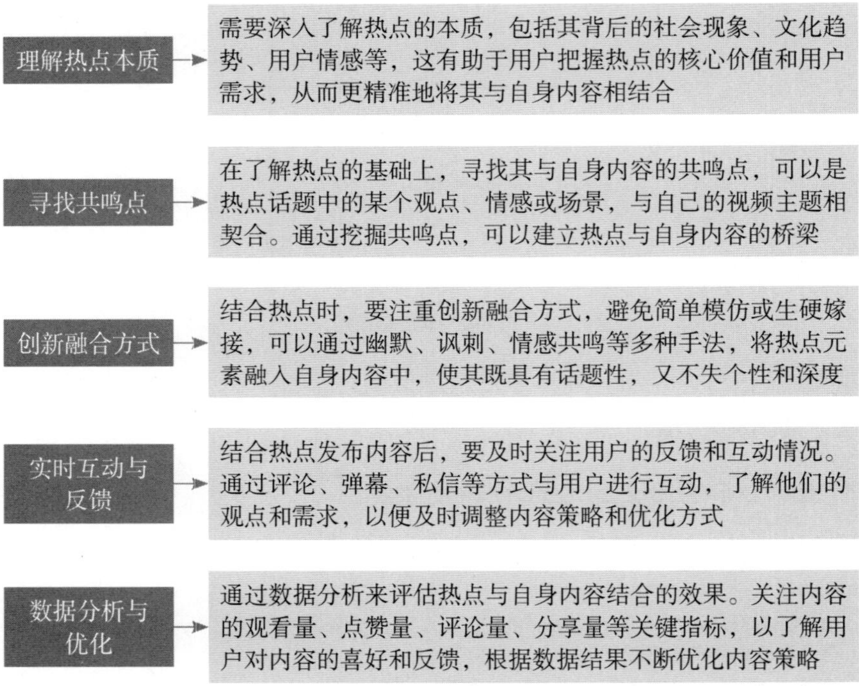

图 8-7　将热点与自身内容巧妙结合

8.1.8 做出差异化的内容

扫码看视频

在短视频领域，内容创新与差异化是吸引用户、提升竞争力的核心要素。创作者通过独特创意策划、表现形式多样化、垂直领域深耕及跨界合作等策略，可以创作出具有吸引力和竞争力的短视频内容，使自己的作品在同类内容中脱颖而出。下面对短视频内容的差异化策略进行相关分析。

1. 独特创意策划

在创作AI短视频时，创意是区分于其他内容的首要因素。独特的创意能够瞬间抓住用户的注意力，激发他们的好奇心和兴趣。因此，创作者需要不断拓宽思维边界，勇于尝试新的创意点子和表现手法。

另外，人类是情感动物，能够触动用户情感的内容往往更容易被记住和分享。因此，在创作短视频时，要注重情感元素的运用，通过幽默、感人、励志等方式与用户建立情感联系。创作者还可以通过故事化叙述，将产品或信息融入一个有趣、感人的短视频故事中，让用户在享受故事的同时，自然地接受并记住创作者想要传达的信息。

2. 表现形式多样化

运用多样化的形式和内容表现手法，如精美的画面、剪辑技巧、音乐与音效、动画特效等，可以提升视频的观赏性和娱乐性，下面进行相关讲解。

❶ 精美的画面：高清画质、独特滤镜等视觉元素能够提升视频的观赏性和吸引力，创作者应该注重视频画面的美感和表现力，通过视觉冲击力来抓住用户的目光。

❷ 剪辑技巧：剪辑是AI短视频制作中不可或缺的一环。通过巧妙的剪辑技巧，可以将多个镜头拼接成一个流畅、有趣的故事。同时，剪辑也可以用来强调某些关键信息或情感点，使短视频内容更加生动有力。

❸ 音乐与音效：音乐和音效是提升视频氛围和感染力的关键因素。选择与视频内容相匹配的音乐和音效，可以营造出独特的氛围和情感效果，使用户更加沉浸在视频的世界中。

❹ 动画特效：适当的动画特效能够显著提升视频的趣味性和观赏性，通过巧妙地运用这些特效，不仅能增强画面的视觉冲击力，还能进一步提升画面的表现力。

3. 垂直领域深耕

在短视频领域中，选择一个自己擅长的细分领域进行深耕细作是提升竞争力的有效途径。通过专注于某一领域的内容创作和传播，可以逐渐建立起自己的专业形象和品牌影响力。

通过持续在细分领域输出优质内容，并与用户建立良好的互动关系，可以逐渐打造出自己的个人IP（Intellectual Property，知识产权）。个人IP的建立将进一步提升内容的辨识度和影响力，使自己在同类内容中脱颖而出。

8.2 发布短视频的注意事项

在发布AI短视频时，除了视频本身的质量，合理规划发布策略同样至关重要。每个平台的用户习惯、内容呈现方式及互动反馈都有所不同，合理利用这些平台的特性可以大大提升视频的传播效果与用户黏性。因此，制定一套全面的发布策略，涵盖从发布时间、标题与封面到评论区管理的方方面面，将帮助AI短视频在激烈的竞争中脱颖而出。

8.2.1 发布时间

扫码看视频

选择适合的发布时间是提升AI短视频曝光率的重要策略之一，根据平台的特点和用户的使用习惯，不同的发布时间会显著影响视频的观看量和互动率。例如，短视频平台（如抖音、快手）的用户多为年轻群体，通常在上下班通勤时间、中午休息时间和晚上娱乐时间段最为活跃。

具体来说，早上7点到9点、下午12点到14点及晚上18点到22点是较为理想的发布时段。图8-8所示为早上7点40分发布的一条短视频作品，该短视频的阅读量和点赞量都是比较高的。

图 8-8 早上 7 点 40 分发布的一条短视频作品

短视频用户的群体广泛，活跃时段具有多样化的特点，通常周末或节假日是用户观看视频的高峰期，而工作日的晚上是相对较高的观看时间段。另外，利用AI工具可以分析用户的观看习惯，了解目标用户的活跃时段。通过数据分析，可以选择用户最容易在线并有空观看视频的时间发布，从而最大化视频的初始曝光量和互动率。

创作者还要考虑地理位置与时区的差异，全球性平台的用户分布在不同的时区，因此需要针对不同地区的用户群体设置不同的发布时间。如果视频的目标用户遍布全球，可以根据各主要时区的用户活跃时间分阶段发布视频，以覆盖全球的用户。

8.2.2　标题和封面

扫码看视频

标题和封面是用户在浏览短视频平台时最先看到的内容，它们在决定用户是否点击视频方面起到了至关重要的作用。对AI短视频而言，设计一个吸引人的标题和封面不仅能够提升点击率，还可以优化用户体验，增强品牌形象和影响力。下面就来讲解标题和封面设计的要点。

1. 标题设计的关键要素

短视频标题是传达内容核心的关键一步，它能够影响用户的点击决策，因此短视频标题需要做到精准、简洁和有吸引力。下面对标题设计的关键要素进行相关分析，如图8-9所示。

- 简洁明了 → 标题不宜过长，短小精炼的标题更容易抓住用户的注意力。通常来说，15 ～ 30 个字是较为合适的长度，可以让用户快速了解视频的主要内容
- 突出核心价值 → 标题需要直接传达视频的核心信息，明确告诉用户该视频能为他们带来什么好处或具有价值。例如，标题可以回答用户的痛点问题或提供新颖、有趣的内容，激发他们的观看兴趣
- 引发好奇心 → 创作者可以通过悬念式标题引导用户点击观看短视频。例如，通过提出问题、使用反常规或夸张手法吸引用户，让他们迫不及待地点击观看
- 加入关键词 → 为了提升搜索的可见性，标题应包含与内容相关的关键词，这有助于平台的推荐算法抓取到相关内容，并推送给目标用户。例如，如果视频中涉及“AI 短视频制作”，标题中可以包含这些词语，提高被搜索到的概率

图 8-9　标题设计的关键要素

2. 封面设计的关键要素

封面是用户决定是否点击视频的重要视觉元素，一个设计精美的封面能够直接影响点击率。因此，封面的设计应做到视觉吸引、信息明确，且与视频内容高度相关。下面对封面设计的关键要素进行相关分析，如图8-10所示。

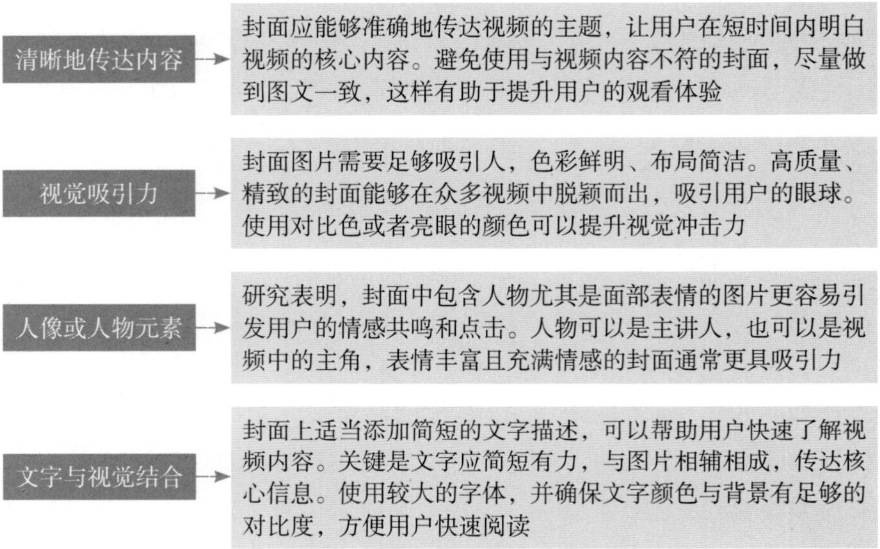

图 8-10　封面设计的关键要素

3. 标题与封面的结合

标题和封面需要共同作用，形成互补的效果，让用户在浏览平台时能够快速抓住视频的核心内容，并且激发点击观看的欲望。二者之间应有内在联系，确保标题、封面与视频内容一致，避免夸张或虚假宣传。

❶ 一致性与关联性：确保标题、封面和视频内容之间的高度一致。标题是用来吸引用户点击的，而封面则是强化用户的第一印象。二者必须相互呼应，以确保用户对视频内容的期待与实际观看体验一致，从而提升用户的满意度和留存率。

❷ 呼应用户需求：标题和封面要针对目标用户的需求来设计，明确展现视频可以解决的问题或提供的价值。例如，如果目标用户对AI技术感兴趣，可以在封面中加入与AI相关的视觉元素，并在标题中突出视频提供的技术干货。

8.2.3　持续优化内容

扫码看视频

持续优化能够确保视频内容始终贴合目标用户的需求，并在竞争激烈的短视频市场中保持领先。通过对用户反馈和数据的深入分析，创作者可以调整视频的内容方向，优化制作策略，从而不断提升短视频的观看量、互动率和用户满意度。下面对短视频内容的反馈与持续优化进行相关分析，如图8-11所示。

收集与分析用户反馈 →	用户反馈是帮助创作者了解用户喜好、发现问题和改进内容的重要信息源。通过分析用户在视频中的评论、私信、点赞、分享等互动行为，创作者可以获取直观的反馈，了解哪些内容受欢迎，哪些方面需要改进
数据驱动的内容优化 →	通过各类短视频平台提供的分析工具，创作者可以从数据中获取深层次的信息，从而制定基于数据的内容优化策略。数据分析不仅能够反映用户的观看行为，还能揭示视频内容的表现和用户特点
A/B 测试与实验 →	A 和 B 分别代表两个版本，通过对不同版本的视频进行对比，创作者可以找到最适合用户的内容策略。利用 A/B 测试，创作者可以验证哪些视频元素更受用户欢迎，从而不断优化视频的制作与发布
持续监测平台算法的变化 →	短视频平台会定期更新推荐算法，这些变化会影响视频的曝光方式和推荐机制。创作者需要密切关注平台的算法，及时调整内容策略，以适应平台的规则变化。根据最新的规则和要求，调整视频的格式和内容，以免被平台限制推荐
动态调整创作节奏与内容方向 →	根据用户反馈和数据，创作者需要定期进行内容迭代，探索新的主题、形式或风格，保持创作的多样性和创新性。例如，如果某一类内容表现出色，创作者可以进一步挖掘类似的主题，拓展该内容类型的深度或广度
利用 AI 工具提升优化效率 →	AI 工具可以自动分析视频的表现和用户行为，帮助创作者识别趋势并提供优化建议。例如，AI 可以预测哪些视频可能表现出色，并帮助创作者调整视频的发布时间、封面设计等，以及识别潜在的问题和改进方向

图 8-11　短视频内容的反馈与持续优化分析

8.2.4　标签与话题

扫码看视频

为AI短视频添加合适的标签，可以帮助平台的推荐算法更好地理解视频内容，从而推送给对这些内容感兴趣的用户。选取与视频内容相关的高流量标签，可以提升视频的搜索排名和曝光机会。另外，结合当下的热门话题或挑战赛，可以让视频更容易被用户发现。参与平台的热门话题，能够提高短视频在推荐流中的曝光概率。图8-12所示为在抖音平台中发布短视频时设置的标签与话题。

图 8-12　在抖音平台中发布短视频时设置标签与话题

8.2.5　评论区管理

扫码看视频

积极管理视频的评论区，与粉丝进行互动，回复粉丝的问题，感谢支持的评论，可以增加粉丝的参与感，提升粉丝对内容创作者的好感度。通过引导积极的评论和讨论，可以营造出良好的互动氛围。

创作者在管理评论区的时候，对于一些负面的言论要妥善处理，以维护品牌与自身形象，下面介绍两种处理方式。

❶ 正面回应批评：面对负面评论或反馈，采取冷静和专业的态度进行回应，避免引发更多负面情绪；还可以通过解释或沟通的方式，消除误解。

❷ 利用负面反馈改进：负面的反馈也可以是改进内容的机会。通过分析负面评论中的建设性意见，及时优化AI短视频的内容，可以逐步提升用户的整体满意度。

8.3　账号和短视频的引流推广

AI短视频通过技术驱动，实现了快速生产和创新表达。在推广账号和AI短视频的过程中，多渠道的推广策略可以帮助创作者扩大用户群体，实现更广泛的流量覆盖。通过引流推广，能够大幅度增加短视频的曝光度，吸引更多目标用户，最终实现流量的增长。本节将详细介绍账号和短视频的引流策略。

8.3.1　社交媒体联动

扫码看视频

社交媒体联动是指通过不同社交平台的联动与分享，最大化短视频的曝光机会。每个社交平台都有其独特的用户群体和传播特性，因此利用多个平台进行内容推广可以覆盖更广泛的用户。

下面对社交媒体联动实现跨平台分享进行相关讲解，如图8-13所示。

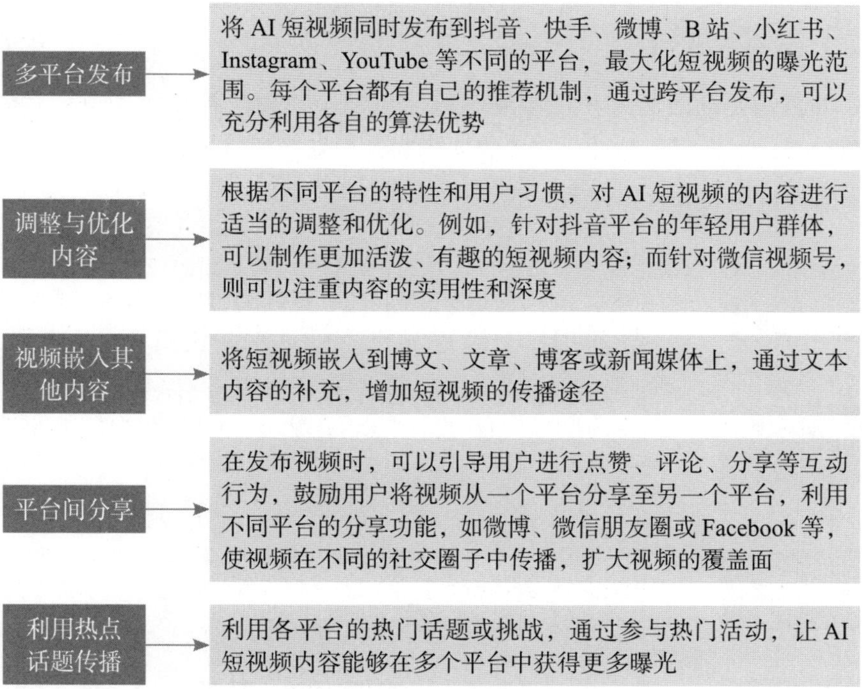

图 8-13　社交媒体联动实现跨平台分享的相关分析

8.3.2　合作与互推

扫码看视频

AI短视频的独特优势在于内容的快速生产和多样化表现，合作与互推可以利用这些特点，与其他品牌、创作者和关键意见领袖（Key Opinion Leader，KOL）共同打造短视频内容，扩大用户群体。下面对AI短视频的合作与互推进行相关分析，如图8-14所示。

与其他创作者合作 → 与AI技术或短视频创作者进行合作，通过联合创作AI短视频，共享粉丝基础。例如，与有影响力的内容创作者或视频博主合作，利用他们的粉丝资源进行内容的交叉推广，可以迅速提高视频曝光度

品牌联动推广 → 与品牌合作推广AI短视频，例如帮助品牌制作定制化AI视频内容，通过品牌的社交媒体进行分发。AI视频的快速生成特性，可以帮助品牌实现个性化定制内容，进而获得更多的合作机会

跨平台互推 → 在多个平台进行互推合作，例如抖音和微博上不同博主之间的相互推荐或合作视频推广。通过跨平台的粉丝互导，能够形成多次曝光的效果，进一步提升引流效率

图 8-14　AI 短视频的合作与互推分析

8.3.3　社群营销

扫码看视频

社群营销是通过将用户引导到私域流量池（如粉丝社群）中进行长期运营，增强用户黏性，培养忠实的粉丝，从而提高流量的转化率，下面进行相关分析，如图8-15所示。

通过AI短视频吸引粉丝加入社群 → 在AI短视频中引导用户加入微信群、QQ群等社群，或者通过视频描述添加粉丝群的邀请链接。AI短视频可以在视频内容中加入特定的引导信息，吸引用户进入专属的互动空间，以增强用户黏性

定期分享AI工具生成的独家内容 → 在社群中定期分享一些AI工具生成的独家短视频内容，如个性化定制的视频、AI生成的趣味内容等，增加粉丝的参与感和互动性。这不仅能够增强用户黏性，还可以通过社群成员的分享扩大内容的传播范围

举办社群活动增加粉丝的互动 → 创作者可以定期在社群内组织一些活动，比如AI创作比赛、短视频投票等，鼓励粉丝参与。通过活动，增强粉丝的归属感，并借此机会宣传新的视频内容或品牌合作项目

UGC激励与互动 → 通过用户生成内容（User Generated Content，UGC）的方式，不仅可以提高社群的活跃度，还能让粉丝成为短视频推广的重要力量

图 8-15　建立粉丝社群增强用户的黏性

8.3.4　广告投放

扫码看视频

AI短视频不仅可以通过内容引流，还可以利用AI技术进行广告优化，通过精准的广告投放实现高效引流。AI算法的强大数据分析和智能优化能力，为精准地投放视频广告提供了理想的技术基础。通过AI算法，可以

更加高效地锁定目标用户、优化广告素材，并实时监控和调整投放策略，使广告效果达到最大化。

下面对利用AI算法精准投放视频广告进行相关分析，如图8-16所示。

基于用户画像的精准投放 →	AI 算法可以根据用户的历史行为和兴趣标签，分析出潜在的目标用户群体。例如，基于年龄、兴趣、观看习惯等数据，通过精准投放广告，确保 AI 短视频能够出现在最匹配的用户面前，最大化点击率和转化率
自动化广告优化 →	AI 技术能够根据广告表现自动调整投放策略。例如，调整投放的时间、展示频率，以及优化广告素材，使广告效果达到最佳。通过实时数据反馈，AI 算法能够及时判断哪类内容最受用户欢迎，并优化广告展示策略
A/B 测试与数据驱动决策 →	使用 AI 进行 A/B 测试，比较不同版本的 AI 短视频广告的效果，实时监测点击率、观看时长等指标，最终选择表现最佳的广告版本，这种方法可以大幅提升广告的投资回报率（Return on Investment，ROI）
程序化购买广告 →	通过程序化广告购买平台，结合 AI 算法投放 AI 短视频广告。AI 技术不仅可以帮助优化素材，还可以实时竞价，使广告在最合适的时间段展示给目标用户，提高流量转化率，实现最大化的广告效果

图 8-16 利用 AI 算法精准投放视频广告的相关分析

8.3.5 举办活动

短视频创作者通过举办各种线上线下活动，可以吸引更多新用户的关注，同时激活现有粉丝的积极性。活动的参与性和奖励机制能够大大提升粉丝的互动热情，并促进粉丝的传播和分享，下面进行相关介绍。

扫码看视频

❶ 内容挑战与比赛：内容挑战与比赛是增强粉丝互动、激发创作热情的有效方式。创作者可以定期发起内容创作挑战或比赛，邀请粉丝使用相同的主题或特定素材创作短视频。粉丝参与内容创作后，往往会通过社交媒体进行分享，这种二次传播效应可以帮助账号获得更多曝光，吸引新用户，还能让老粉丝感受到创作的乐趣，进一步加深他们与账号的联系。

❷ 抽奖与福利活动：举办带有奖励机制的抽奖活动也是吸引新粉丝和激活老粉丝的有效手段。创作者可以通过评论区抽奖、转发分享活动等方式，为粉丝

提供福利，通过提供独家礼品或福利（如定制礼品、账号周边产品或付费内容免费权限等），能够使粉丝感受到特殊待遇，提高他们对账号的忠诚度。

❸ 联名活动与合作：通过与其他创作者或品牌合作举办联合活动，可以为短视频账号带来更广泛的曝光。跨界合作能够扩大账号的用户群体，吸引新的粉丝关注，同时让现有粉丝参与更多有趣的互动活动，提高他们的活跃度。

课后实训

【效果展示】创作者在对短视频进行监测时，除了使用秘塔AI搜索工具，还可以使用其他工具进行信息的搜索。例如，创作者可以通过如下操作，在天工AI平台中搜索信息。

扫码看视频

步骤 01 进入天工AI平台官网的默认页面，❶在搜索框中输入提示词；❷单击按钮，如图8-17所示，对相关信息进行搜索。

图 8-17　单击按钮

步骤 02 执行操作后，即可通过搜索到的信息了解相关的信息，如图8-18所示。

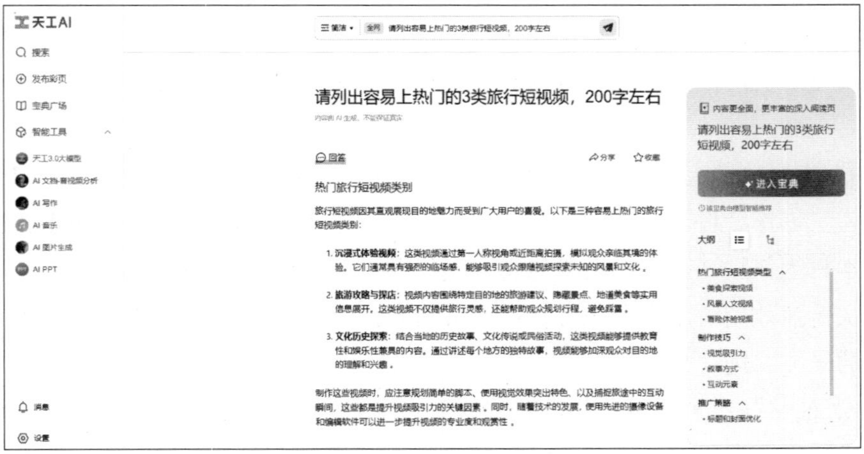

图 8-18　通过搜索到的信息了解相关的信息

第 9 章　实战案例：AI 短视频创作与运营全流程

随着技术的飞速发展，AI在视频创作领域的应用日益广泛，为人们带来了前所未有的创意空间与效率提升。本章将引领大家深入AI视频制作的全流程实战，以《熊猫弹吉他》为例，从项目规划到效果定位，再到制作技巧与运营攻略，全方位解析如何利用AI技术打造一部既具地方特色又引人入胜的宣传佳作。

9.1 短视频的项目规划与效果定位

尽管AI短视频制作依赖于先进的技术，但其成功与否很大程度上仍取决于前期的规划和定位。明确的目标和用户定位、详尽的竞品分析、借鉴成功案例的经验，以及提示词的准备工作，都是项目启动前不可忽视的重要步骤。本节将帮助读者从战略高度掌握AI短视频的规划技巧，确保AI生成的短视频符合预期效果，并在创作过程中做到高效且具备差异化。

9.1.1 确定目标和用户定位

扫码看视频

在AI视频创作中，明确项目目标与用户定位是成功的起点，这不仅仅是一项理论工作，更为后续的AI生成和内容制作提供了清晰的指引。

在《熊猫弹吉他》这一案例中，项目目标与用户定位将决定视频的核心风格、内容结构、视觉效果及推广策略。通过精确设定目标和定位用户，创作者可以确保视频的创作过程高效、有针对性，并且能最大限度地满足用户的期待。

1. 明确项目目标：设定清晰的创作方向

项目目标是整个AI短视频的灵魂所在，它为整个创作团队和AI提供了明确的方向。在设定项目目标时，创作者需要思考以下3个关键问题，如图9-1所示。

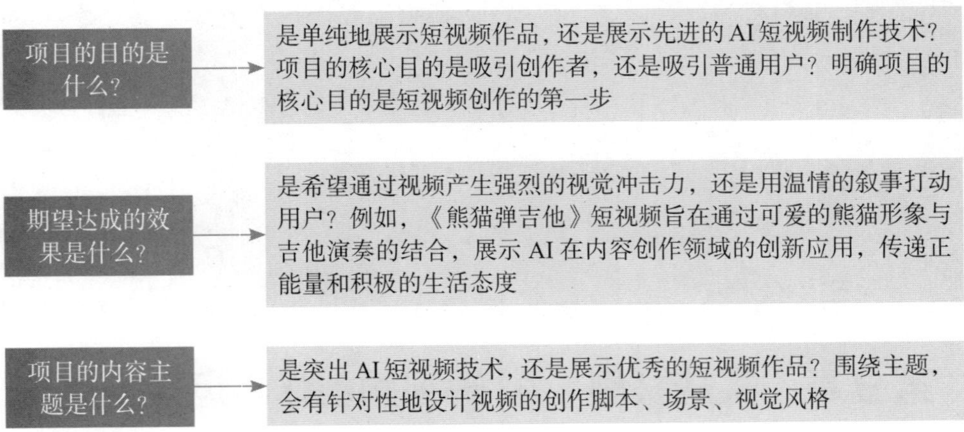

图9-1 明确项目目标需要思考的问题

设定明确的项目目标有助于在整个创作过程中保持统一的基调和方向，避免偏离主题，同时能够帮助AI更好地生成与目标相符的内容。

2. 用户定位：精准地抓住用户群体

用户决定了短视频的创作风格和传播策略，因此在AI短视频的规划阶段，用户定位至关重要。用户可以从以下两个维度来进行分析。

❶ 年龄层次：不同年龄段的人对视频内容的偏好差异较大。比如，年轻一代可能更喜欢节奏快、色彩鲜明、特效炫酷的视频，而中老年人则可能偏好悠然、细腻、充满情感的叙事风格。因此，了解目标用户的年龄层可以帮助创作者在节奏和画面选择上做出调整。

❷ 兴趣与偏好：目标用户的兴趣爱好也会影响视频内容的创作。例如，如果用户对AI技术比较感兴趣，短视频中可以多应用一些AI技术，使视频看起来更加酷炫；如果用户喜欢看憨态可掬的熊猫，短视频则可以多展示熊猫的动作和神态。

精准的用户定位不仅决定了短视频内容的制作方向，还会影响后续的传播与推广策略。AI技术可以根据这些定位细化提示词，生成具有针对性的短视频内容，从而提高作品的吸引力和影响力。

3. 内容与情感的契合：激发用户共鸣

在明确项目目标和用户定位之后，创作者还需要确保短视频内容能够引发用户的情感共鸣。例如，AI短视频中可以展示熊猫坐着弹奏激励人心的曲子，让用户看到短视频之后，获得前行的动力。

通过细致的目标设定和用户定位，AI视频的创作将更具方向性，AI生成的内容也能更精准地匹配用户的需求和期望，为后续的传播推广奠定坚实的基础。

9.1.2　分析竞品寻找优势

竞品分析的核心目的，是了解市场中已经存在的作品，找出它们的优点和不足，以此为基础为自己的项目设计出更具吸引力和辨识度的内容。通过对竞品的深入分析，创作者可以明确哪些元素是成功的关键，哪些地方可以改进，并找到符合自身项目特色的差异化方向。

扫码看视频

分析竞品不仅仅是简单地模仿或超越，而是要从中提炼出创作的灵感和独特价值，为后续的AI短视频生成提供更具针对性的素材与策略。下面介绍分析竞品并寻找AI短视频优势的方法。

1. 对竞品进行分析

例如，在制作《熊猫弹吉他》短视频时，创作者可以先观看并分析他人制作的同类视频，特别是那些在社交媒体平台上比较受欢迎的短视频，如图9-2所示。

图 9-2　社交媒体平台上比较受欢迎的同类视频

通过这些竞品，创作者可以了解用户的偏好，提炼出可以借鉴的元素，同时挖掘出市场中的空白点，为AI短视频的创作制定独特的创作策略。竞品分析包括多个维度，创作者可以从以下4个方面进行综合考量。

❶ 内容创意：竞品视频的创意设计是吸引用户的关键。通过分析其他城市宣传片的创意点，例如是否采用独特的叙事手法、是否有创新的拍摄角度、是否运用了情感化的表达。

❷ 视觉风格：在竞品分析中，创作者应关注竞品视频的色彩基调、镜头语言、画面构图等视觉元素。通过对比不同竞品的风格，可以更好地确定AI短视频采用何种视觉表达，以增强其吸引力。

❸ 情感表达：许多成功的城市宣传片通过情感化的表达打动用户，触发他们对城市的向往或归属感。创作者可以通过分析竞品视频中情感元素的运用，例如背景音乐、叙事方式、人物故事等，思考如何在AI短视频中运用类似的技巧，从而更好地引发用户的兴趣和情感共鸣。

❹ 技术手法：竞品视频的制作技术也是分析的重点之一，特别是在AI视频制作中，技术手法直接影响最终的呈现效果。通过分析竞品中使用的特效、剪辑技巧、动画等技术，创作者可以借鉴并升级这些技术方案，以实现更好的表现效果。

2. 找到差异化优势

在进行竞品分析后，创作者需要着重考虑如何在竞争激烈的市场中找到差异化的优势。差异化优势可以体现在内容、风格、技术或情感表达上，具体包括以下两点。

❶ 创新的叙事方式：通过竞品分析，创作者可以发现大多数短视频可能采用了传统的叙事方式，如平铺直叙地展示熊猫弹吉他的画面。而为了在众多短视频中脱颖而出，《熊猫弹吉他》可以尝试采用创新的叙事方式，例如通过AI生成的字幕及音效讲故事，或通过对口型让熊猫开口唱歌，增强叙事的代入感和趣味性。

❷ 技术创新：AI技术为视频创作带来了更多的可能性，通过运用先进的AI生成技术，创作者可以在视频制作中加入竞品尚未应用的新技术。例如，可以运用AI生成动态特效、虚拟现实元素或互动式视频体验，让用户沉浸其中。这种技术创新可以帮助短视频脱颖而出，为用户带来耳目一新的观感体验。

通过竞品分析，创作者不仅能够清楚市场的现状与趋势，还能找到符合项目定位的差异化优势。在AI视频创作中，这些优势将成为提升作品竞争力的重要支撑，帮助《熊猫弹吉他》在短视频市场中脱颖而出。

9.1.3　借鉴爆款短视频的经验

扫码看视频

在AI短视频的创作中，借鉴成功的爆款短视频是提升作品质量和传播力的有效途径。爆款短视频之所以能够在海量内容中脱颖而出，其背后往往有着成熟的创作思路、精准的用户定位、独特的表现手法和深刻的情感共鸣，下面进行相关讲解。

1. 内容的创意与独特性

爆款短视频成功的要素之一在于其创意性和独特性，无论是创意脚本的设计，还是视觉表现手法的创新，成功的视频都能在短时间内抓住用户的眼球，并让人印象深刻。例如，在《熊猫弹吉他》短视频的制作中，可以参考以下爆款短视频的创意，如图9-3所示。

- **吸引眼球的开场** → 大多数爆款短视频都会在开场几秒内牢牢抓住用户的注意力。这通常是通过视觉冲击力强的画面、悬念设置或引人入胜的对话来实现的。在《熊猫弹吉他》短视频的创作中，可以借鉴这一手法，让熊猫在画面中像人一样认真弹吉他，快速吸引用户的注意
- **独特的内容角度** → 爆款短视频往往能提供一种独特的视角或主题，使其与普通内容形成差异。例如，很多同类短视频只是展示“弹”这个动作，为了让《熊猫弹吉他》短视频更加独特，创作者可以让熊猫张开嘴，并为短视频配上歌词，让人感觉熊猫正在放声歌唱

图 9-3　参考爆款短视频的创意

2. 高效的视频节奏与剪辑

爆款短视频通常在节奏控制上非常出色，能恰到好处地把握住每个信息点的传达时间，使用户始终保持高度的观看兴趣。通过对节奏与剪辑的精准把控，可以有效地提升用户的观看体验。下面对爆款短视频的节奏与剪辑进行相关分析，如图9-4所示。

节奏感强烈的镜头切换	成功的短视频往往通过快节奏的剪辑调动用户的情绪，让用户在短时间内体验到更多的视觉冲击。在《熊猫弹吉他》短视频中快速切换不同的风景和建筑等场景，增强整个画面的节奏感
情感节奏的变化	除了视觉节奏，情感的节奏变化也是确保短视频成功的重要元素。例如，一些爆款短视频在高能场景后会加入缓慢的情感过渡，给予用户思考和感动的空间
精准的画面与音效匹配	爆款短视频通常会通过精准的音画配合，强化观众的观看体验。音乐的节奏、音效的加入与画面变化紧密结合，可以提升视频的代入感和情感冲击力。在《熊猫弹吉他》短视频中，创作者可以添加一些符合城市氛围的背景音乐与音效，打造沉浸式的观看体验

图 9-4　爆款短视频的节奏与剪辑分析

9.2　《熊猫弹吉他》短视频的制作技巧

当用户对AI短视频进行了明确的项目规划并准备好相关的素材之后，接下来就可以根据自身需求进行短视频的制作了。本节就从文生视频、图生视频、视频延长和视频剪辑等角度，为大家讲解《熊猫弹吉他》短视频的制作技巧。

9.2.1　使用文字生成短视频

扫码看视频

【效果展示】用户可以在AI短视频制作工具和软件中输入提示词，对画面信息进行描述，并生成《熊猫弹吉他》的短视频，效果如图9-5所示。

图 9-5　《熊猫弹吉他》的文生视频效果

下面就以可灵AI平台为例，介绍使用文字生成《熊猫弹吉他》短视频的具体操作步骤。

步骤 01 进入“AI视频”页面的“文生视频”选项卡，❶在“创意描述”输入框中输入提示词；❷设置生成视频的参数信息；❸单击“立即生成”按钮，如图9-6所示，进行短视频的生成。

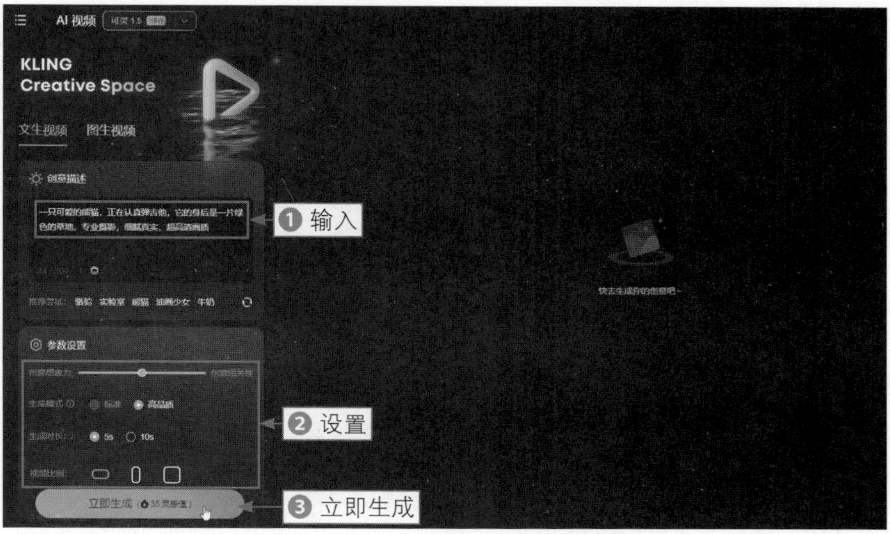

图 9-6　单击“立即生成”按钮

步骤 02 执行操作后，即可根据输入的提示词和设置的参数信息，生成一条相关的短视频，如图9-7所示。

图 9-7　生成一条相关的短视频

9.2.2 使用图片生成短视频

扫码看视频

【效果展示】在生成《熊猫弹吉他》短视频时，用户可以先准备好一张熊猫弹吉他的图片，再使用该图片生成相关的短视频，效果如图9-8所示。

图 9-8 《熊猫弹吉他》的图生视频效果

下面就以即梦AI平台为例，介绍使用文字生成《熊猫弹吉他》短视频的具体操作步骤。

步骤 01 进入“视频生成”页面的“图片生视频”选项卡，❶在该选项卡中上传一张参考图；❷输入提示词，如图9-9所示，用于指导AI生成特定的短视频。

步骤 02 ❶对生成视频的基础信息进行设置；❷单击“生成视频”按钮，如图9-10所示，进行短视频的生成。

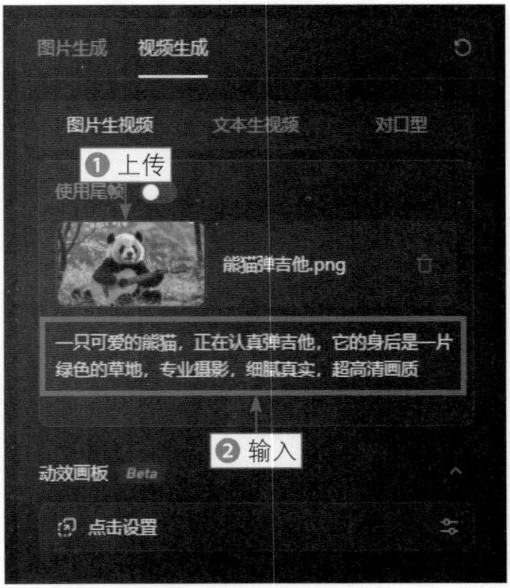

图 9-9 输入提示词

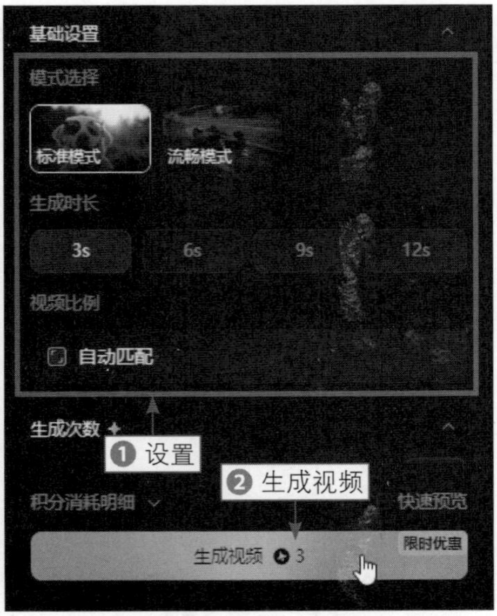

图 9-10 单击“生成视频”按钮

步骤 03 执行操作后，即梦AI即可根据上传的参考图、输入的提示词和设置的信息，生成一条相关的短视频，如图9-11所示。

图 9-11　生成一条相关的短视频

9.2.3　续写短视频的内容

【效果展示】如果用户觉得生成的《熊猫弹吉他》视频太短了，可以借助AI工具和软件对视频进行延长，续写短视频的内容，效果如图9-12所示。

扫码看视频

图 9-12　《熊猫弹吉他》短视频的续写效果

下面就以可灵AI平台为例，介绍续写《熊猫弹吉他》短视频内容的操作步骤。

步骤 01 进入“AI视频”页面的“文生视频”选项卡，❶输入提示词；❷设置视频生成的参数信息；❸单击“立即生成”按钮，如图9-13所示，进行短视频的生成。

步骤 02 执行操作后，可灵AI即可根据输入的提示词和设置的信息，生成一条相关的短视频，❶单击对应视频下方的“延长5s”按钮；❷在弹出的下拉列表框中选择“自动延长”选项，如图9-14所示。

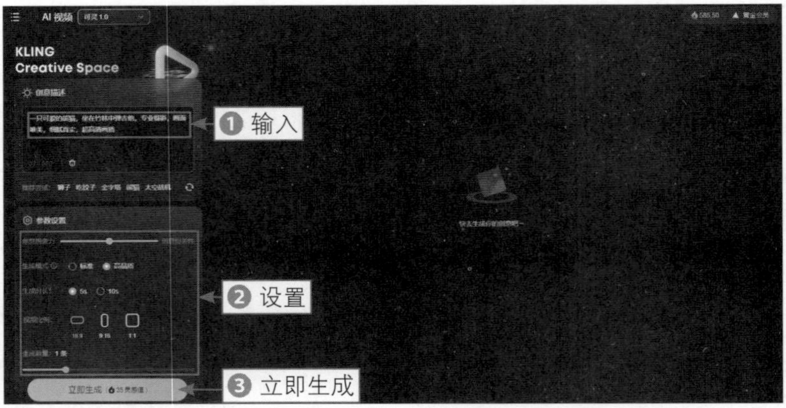

图 9-13　单击“立即生成”按钮

图 9-14　选择“自动延长”选项

步骤 03 执行操作后，可灵AI会在原有视频的基础上，生成一条延长5秒的短视频，如图9-15所示。

图 9-15　生成一条延长 5 秒的短视频

9.2.4　短视频的剪辑优化

扫码看视频

【效果展示】用户可以借助剪映电脑版对《熊猫弹吉他》短视频进行剪辑处理，优化短视频的整体效果，具体操作步骤如下。

步骤 01 进入剪映电脑版剪辑界面的“媒体”功能区，单击“本地”选项卡中的“导入”按钮，如图9-16所示，进行视频素材的导入。

步骤 02 弹出“请选择媒体资源”对话框，❶选择刚刚下载的视频；❷单击“打开”按钮，如图9-17所示，将视频作为素材上传至剪映电脑版中。

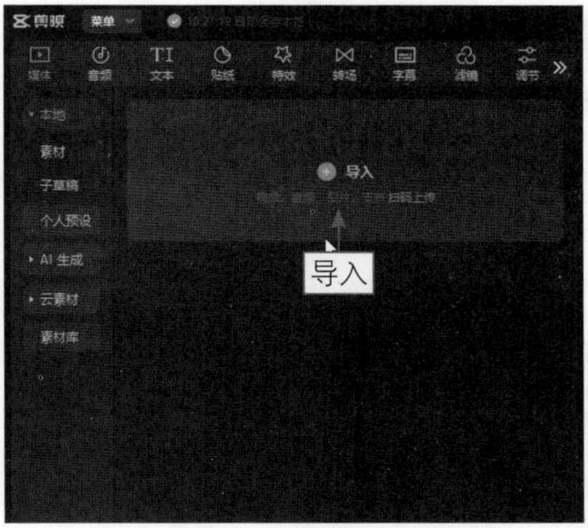

图 9-16　单击“导入”按钮

图 9-17　单击“打开”按钮

步骤 03 执行操作后，即可将所选的视频添加至“媒体”功能区的“本地”选项卡中，单击视频右下方的“添加到轨道”按钮，如图9-18所示，将其作为素材添加至视频轨道中。

步骤 04 单击“音频”按钮，如图9-19所示，进行功能区的切换，从而为视频素材添加背景音乐。

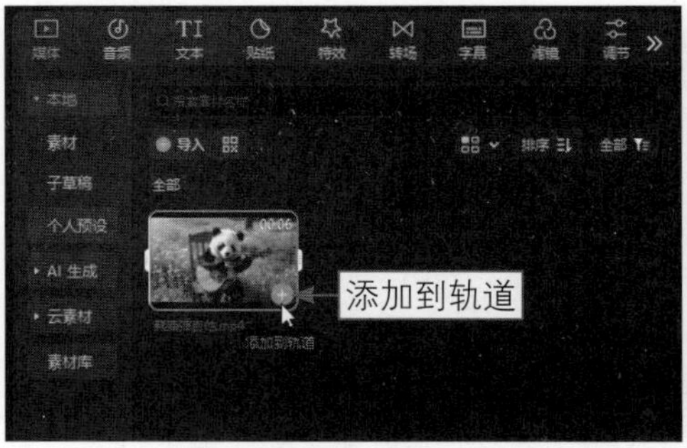

图 9-18　单击“添加到轨道”按钮（1）

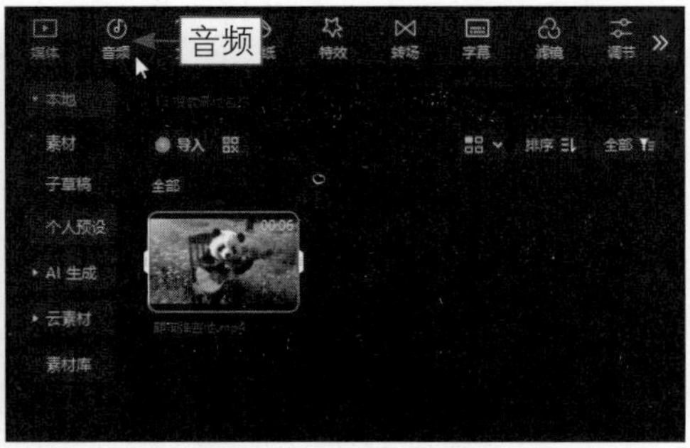

图 9-19　单击“音频”按钮

步骤 05 进入“音频”功能区，在“音乐素材”选项卡的输入框中，❶输入背景音乐的关键词并进行搜索；❷单击对应音乐右下方的“添加到轨道”按钮，如图9-20所示。

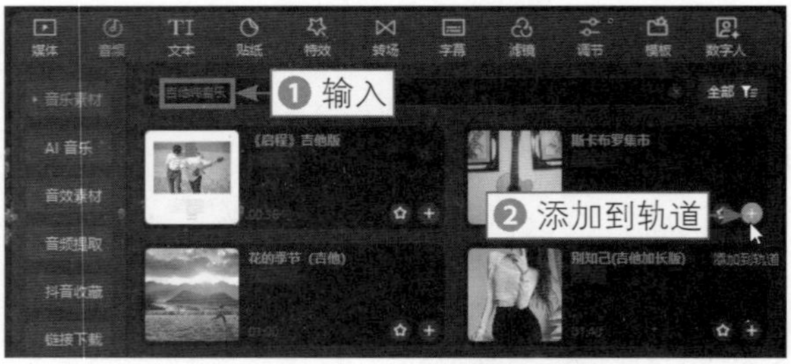

图 9-20　单击“添加到轨道”按钮（2）

步骤 06 执行操作后，即可将所选的背景音乐添加至音频轨道中，❶拖曳时间线至视频结束的位置；❷选择音频素材；❸单击“向右裁剪”按钮，如图9-21所示，对音频素材进行裁剪。

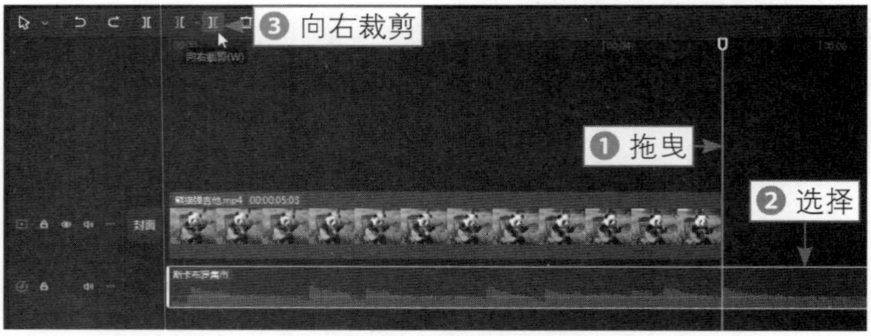

图 9-21　单击“向右裁剪”按钮

步骤 07 执行操作后，即可删除多余的音频素材，效果如图9-22所示，完成背景音乐的添加。如果用户只需给短视频添加背景音乐，那么短视频的剪辑优化便完成了。

图 9-22　删除多余的音频素材

9.3 《熊猫弹吉他》短视频的运营攻略

在现代数字传播中，成功发布一条AI短视频不仅包括创作和制作过程，还包含着如何将视频有效地传递给目标用户，并通过精准的数据分析来优化推广效果。对于《熊猫弹吉他》这样的短视频，发布策略的制定尤为关键，能够决定其在社交平台和短视频平台上的表现。同时，数据分析是持续优化运营效果的关键工具，它能帮助人们不断调试和改进发布策略，确保内容的持续影响力和传播效果。

9.3.1 短视频的发布策略

扫码看视频

在数字营销和短视频推广中，发布策略是确保内容成功传播的关键，特别是在推广《熊猫弹吉他》这种特色鲜明的AI短视频时。通过制定精准的发布策略，能够使视频最大限度地触达目标用户，提升观看量、互动率及后续的宣传效果。以下是几种主要的发布策略，帮助人们将短视频精准地触达目标用户。

1. 选择平台

选择适合的发布平台是确保视频触及目标用户的第一步，不同平台的用户群体和传播机制各有不同，因此应根据平台的特点量身定制发布策略，相关分析如图9-23所示。

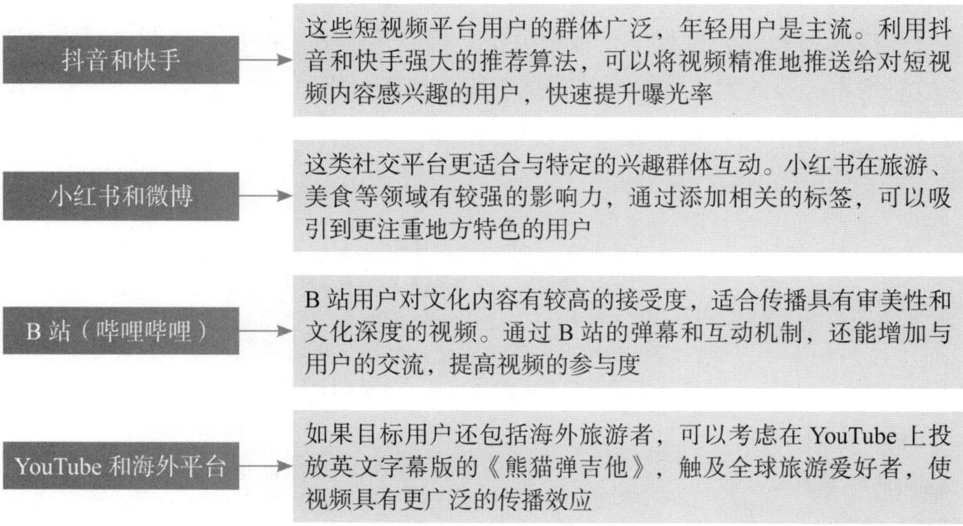

图 9-23 选择适合的发布平台

2. 用户定位与兴趣标签匹配

为了确保短视频能精准地推送给最感兴趣的用户，可以通过平台的兴趣标签系统进行自动匹配。AI数据分析工具可以帮助创作者识别哪些群体对短视频内容感兴趣，并以此为基础进行视频的定向推广，相关分析如图9-24所示。

兴趣标签 → 利用 AI 算法，匹配用户的兴趣标签，例如“AI 短视频”“大熊猫”“神奇的动物”等，从而实现精准投放

年龄定向 → 短视频的主要用户可以锁定在 18 ～ 45 岁的用户，尤其是对 AI 短视频和萌萌的动物感兴趣的人群，这些人通常都是《熊猫弹吉他》短视频的核心目标群体

行为定向 → 分析用户过去的浏览行为、观看习惯和社交互动，通过平台的数据分析工具，预测哪些用户更有可能对《熊猫弹吉他》产生兴趣并参与互动，然后将视频推送给这类用户

图 9-24　用户定位与兴趣标签匹配

另外，不同平台对视频内容的要求和用户偏好有所不同，因此可以对《熊猫弹吉他》短视频进行内容优化和多版本制作，可以更好地满足不同平台的需求。选择合适的发布时间也可以大大提高视频的曝光率和观看效果。通过分析目标用户的活跃时间，合理安排该短视频的发布时间，以确保短视频获得更多的关注和互动。

9.3.2　短视频的推广策略

在推广AI视频的过程中，数据分析是提高传播效果的核心环节。通过对发布《熊猫弹吉他》后的数据进行监控和分析，可以深入了解短视频的表现、用户反应及传播效果，从而对运营策略进行持续优化，相关分析如图9-25所示。

扫码看视频

关键数据指标监测 → 首先要确定哪些指标能反映短视频的效果。播放量数据代表了短视频的曝光度，观看时长则揭示了用户的兴趣深度。如果大量用户中途离开，说明短视频的结构或内容需要改进。互动量（点赞、评论、分享）衡量视频的受欢迎程度，分享率尤其重要，代表了二次传播的潜力

用户分析 → 通过分析用户的年龄、性别和地域分布，可以清楚地了解用户构成。如果大部分用户集中在年轻群体，未来可以尝试推出更加迎合年轻人兴趣的 AI 短视频内容

内容优化建议 → 数据分析可以揭示视频内容的成功之处和不足。如果AI短视频开头的吸引力不足，用户迅速流失，则需要重新设计开场，吸引用户持续观看。若互动率低，则可以通过增加评论或互动元素引导用户来提升参与感

图 9-25 数据分析与优化

课后实训

【效果展示】用户除了可以为《熊猫弹吉他》短视频添加背景音乐，还可以为短视频添加特效，让短视频呈现出不同的效果，如图9-26所示。

扫码看视频

图 9-26 为《熊猫弹吉他》短视频添加特效的效果

下面以剪映电脑版为例，介绍为《熊猫弹吉他》短视频添加背景音乐的具体操作步骤。

步骤 01 将短视频素材导入剪映电脑版的视频轨道，单击“特效”按钮，如图9-27所示，进行功能区的切换。

图 9-27 单击“特效”按钮

步骤 02 切换至“特效”功能区，在该功能区中选择一个合适的特效，单击该特效右下方的“添加到轨道”按钮，如图9-28所示，进行特效的添加。

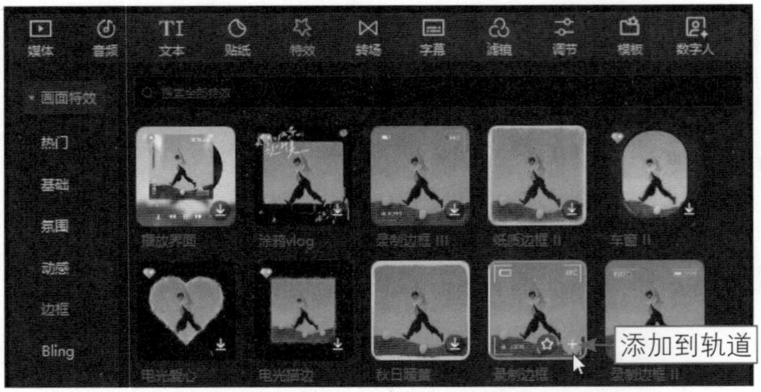

图 9-28　单击“添加到轨道”按钮

步骤 03 执行操作后，即可将对应特效添加至特效轨道中，如图9-29所示。

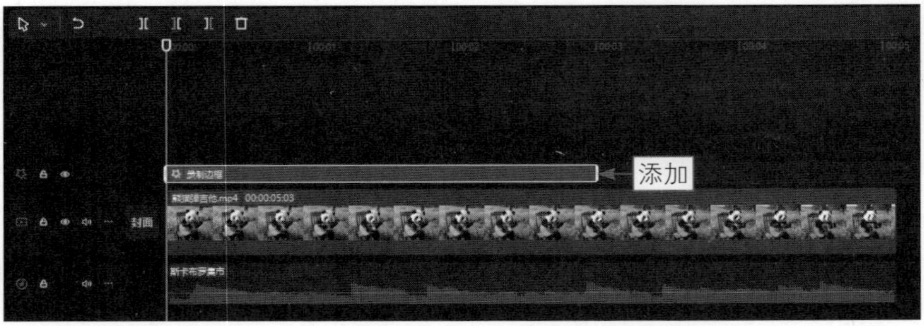

图 9-29　将对应特效添加至特效轨道中

步骤 04 根据自身需求调整特效的应用范围，如将特效应用到整个短视频中，如图9-30所示，即可完成特效的添加。

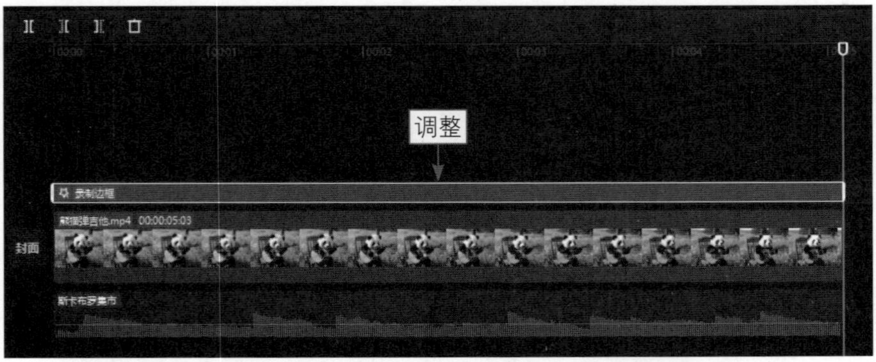

图 9-30　将特效应用到整个短视频中